維生素C：
逆轉不治之症

史蒂夫・希基（Steve Hickey）ph.D.
安德魯・索羅（Andrew W. Saul）ph.D. ◎著

謝嚴谷講師 ◎編審

郭珍琪 ◎譯

晨星出版

特別感謝

我們要感謝亞伯罕・賀弗（Abram Hoffer）博士不斷的鼓勵與支持。賀弗博士是細胞分子矯正醫學權威，他激發許多科學家和醫師對營養和醫學產生興趣。已故的羅伯特・卡斯卡特三世（Robert F. Cathcart III）博士在細胞分子矯正醫學上也是運用維生素 C 的佼佼者，並且提供本書一些重要的資訊。RECNAC〈編審註：RECNAC 為 CANCER 的倒寫是一個位於美國堪薩斯州，維奇駱克市（Wichiea）於瑞爾頓診所（Riordan Clinic，維生素 C 癌症治療機構）所成立的維生素 C 研究計畫〉發啟人羅恩・翰林海克（Ron Hunninghake）、邁克・岡薩雷斯（Michael Gonzalez）以及豪爾赫・米蘭達——馬塞里（Jorge Miranda-Massari）博士慷慨地貢獻他們的時間，持續讓我們瞭解維生素 C 和疾病的臨床研究。在英國，達米恩・唐寧（Damien Downing）博士分享他豐富的營養醫學經驗。細胞分子矯正醫學國際協會主席格特・舒特馬克（Gert Schuitemaker）博士提供我們鮑林博士相關的錄影帶和研究著作，以及他在維生素 C 論戰中所帶來的影響。希拉蕊・羅伯茲（Hilary Roberts）和蘭・諾芮加（Len Noriega）博士不斷地分享他們的科學專門知識，好讓我們更深入瞭解維生素 C 與它的作用。

任何一本關於維生素 C 和分子矯正醫學的著作都要感謝那些致力提供與維護研究背景資料的人，其中包括醫療記者比爾・沙帝（Bill Sardi）、維生素 C 基金會的歐文・佛諾羅（Owen Fonorow）、C for Yourself 網站的羅斯堤・哈吉（Rusty Hodge）與克里斯・古普塔（Chris Gupta）。我們要感謝的人實在太多不勝枚舉，他們的努力使得維生素 C 的內情不會就此被大眾埋沒。

前言

大約四十年前，我在紐約市一個會議上遇見萊納斯・鮑林（Linus Pauling）和歐文・史東（Irwin Stone）博士。萊納斯・鮑林發表他發現紅血球蛋白分子結構的演說，在他的演講中，他說他想再多活十年，因為基於這個新發現未來科學界的發展將會非常有趣。當時他根本不知道這個願望和我們的會面將會改變他的人生，並且多給了他三十年的壽命。史東博士告訴我關於他對維生素 C 的關注，不過他喜歡稱之為抗壞血酸（ascorbic acid），而它在一場危及生命的汽車意外中救了他一命。他收集了龐大的維生素 C 論文，於是我勸他寫一本書。

他回到家後寫信給鮑林博士，並且建議他如果也攝取這種維生素，他會得到他想要的十年。這點引起鮑林博士的興趣，並且聽從史東博士的建議。令他吃驚的是，他不再經常感冒，最終，他每日攝取 **18 公克的維生素 C**。他使用的劑量是遠大於官方的每日建議攝取量的（RDA）二百倍，並且樂於與人分享他的心得。史東博士最終出版一本維生素 C 的相關著作《療癒因子》（The Healing Factor）。

批評者往往意識不到令人出乎意料的後果。在另一次會議上，鮑林博士指出抗壞血酸可以降低一般感冒的傷害，然而，抗維生素機構發言人維克多・赫伯特（Victor Herbert）博士要求提出證據，鮑林博士認為這很合理，並且做一份很完整的文獻研究，他找到大量的證據，但赫伯卻拒絕閱讀。萊納斯・鮑林的著作《**維生素與感冒**》成為一本暢銷書，並且促使維生素 C 的銷售量大增。

我為此深感著迷。抗壞血酸（維生素 C）已是我在治療**精神分裂症**患者時，營養治療計畫的一部份，並且搭配維生素 **B3**（菸鹼酸）一起使用。從一九五二年開始，我用維生素 C 作為一種抗氧化劑來降低腎上腺素氧化，以免轉化成導致精神分裂症的腎上腺素紅（adrenochrome）。精神分裂症是最嚴重的氧化壓力症狀之一，我還發現一些患有癌症的精神分裂症病患對大劑量維生素 C 開始有反應，特別是骨肉癌（Sarcomas）對大劑量維生素 C 最為敏感。

後來我遇到羅伯特 · 卡斯卡特（Robert F. Cathcart III）博士，並且鑽研他的研究結果，關於高劑量口服抗壞血酸，在盡可能達到軟便值的劑量下是有效治療癌症的方法，他也會針對各種症狀為患者進行高劑量靜脈注射維生素 C。我的一位癌症病患將她的口服維生素 C 劑量盡可能提高，最終她每日攝取至 40 公克。六個月後，她的腫瘤在電腦斷層掃描中已經找不到，而且她還活了二十年之久。這位患者的康復改變了我單純以精神醫師為主的職業生涯。一些醫師開始陸續將他們的癌末期患者轉介給我，從那時候起，我看過大約一千五百位患者。我的治療結果遠優於手術及單獨使用或搭配化療、放療的效果，並且都普遍反應十分良好。

高劑量抗壞血酸維生素 C 靜脈注射的結果更令人印象深刻。休 · 賴爾登（Hugh D. Riordan）醫師以這種方式治療癌症患者的經驗比任何醫師還多，他指出，高劑量維生素 C 靜脈注射是腫瘤學家夢寐以求的療法：一種只殺死癌細胞，同時保留正常細胞的化學療法。他被授與堪薩斯大學細胞分子矯正醫學和研究榮譽教授主席，而珍妮 · 德瑞斯科（Jeanne A. Drisko）博士則是其中的榮譽教授之一，她目前正研究抗氧化劑對剛被診斷出罹患卵巢癌的安全性和療效，包括維生素 C 在內。

就維生素 C 在人體內的屬性看來，它被證實具驚人療效並不令人意外。我只列出其中重要的三種作用，其他的你將會在本書中得知：

• **抗氧化劑**——沒有抗氧化劑，我們會在大氣層中慢慢燃燒殆盡，因此控制體內的氧化機制是非常的重要。

- **合成膠原蛋白**——膠原蛋白是體內結締組織重要的結構蛋白，這也是為什麼壞血病在缺乏維生素 C 的情況下，膠原組織會嚴重瓦解。

- **排除組織胺**——一個維生素 C 分子會破壞一個組織胺分子。壞血病中出血的組織和瓦解的膠原纖維是因為體內大量組織胺生成，其中原因就是維生素 C 不足〈編審註：體內肥大細胞組織胺的形成與釋出是發炎（過敏）最主要的原因而抗組織胺的使用也是臨床上治療過敏最慣行的方法，但維生素 C 的使用卻是更安全有效〉。

維生素 C 是非常的安全，但我總覺得奇怪，為何醫學界如此熱衷發明一些具有毒性的藥物，反觀維生素 C 卻不具毒性。但虛假捏造有關維生素 C 的偏見卻十分普遍，而業界人士仍然認為這些荒誕的說法是真理——本書或許可以改變某些看法，例如，**維生素 C 並不會導致腎結石或惡性貧血，也不會造成婦女不孕**。維生素 C 並未如維克多 · 赫伯特宣稱那樣，使萊納斯 · 鮑林的壽命減少，反而因攝取維生素 C，他還比不攝取維生素的赫伯持博士**多活了十八年**。

史東博士一再強調，維生素 C 應該被歸類為重要營養素，而且需要大劑量，不能視為是維生素的一種。如果你想要真正的健康，你就要攝取足夠的維生素 C。在看完這本書後，你會知道為什麼，以及要吃多少才算足夠。我已經九十歲了，過去**五十多年來**，我每天攝取維生素 C，而且我打算永遠持續下去。維生素 C 對我的患者也很有效，但對我的執業生涯就不太妙了——因為我的患者都康復的很快，且不再輕易生病。

——亞伯罕 · 賀弗（Abram Hoffer）博士

序

維生素 C 的研究進展迅速，儘管缺乏來自主流醫學的金援，無法進行臨床應用研究。正如你將看到，維生素 C（抗壞血酸）已被證實是一種對抗感染、感冒、心臟病和癌症非常有效的抗氧化劑。**即使在極高的劑量下，維生素 C 仍是安全與無毒**，就算你可能從媒體那兒聽過任何關於維生素 C 駭人聽聞的錯誤訊息。

本書的目的是揭露維生素 C 的爭論如何擴大與持續，即使已經有越來越多證據證實細胞分子矯正（高劑量維生素）療法的價值。本書將著墨於那些科學家和醫師先鋒們在維生素 C 研究上的無畏努力，同時也包含現代主流醫學受到政治和經濟影響的因素所造成的偏頗。最後，有許多維生素 C 驚人的研究結果，可以證明這個非凡分子的效益。

運用營養來預防或治療疾病的細胞分子矯正醫學起源於幾十年前，一直以來被受醫療機構爭議。這種排斥細胞分子矯正療法的作為完全沒有任何科學根據，主要是因為偏見。本書中，我們將說明為何維生素 C 成為主流醫學與分子矯正醫學的爭論的重點。

贊助的維生素 C 研究報告和微不足道的後續研究之間差別很大。詳實的臨床結果顯示高劑量維生素 C 具有**抗生素**的作用，可以對抗病毒和細菌感染，這種無毒的**抗癌劑**使得正統化療顏面無光，同時也是治療**心臟病**的良方。然而，主流醫學認為這些宣稱很荒謬，完全沒有科學根據，這些機構不願執行或贊助關於分子矯正營養素值在臨床作用的基本實驗，這樣一來，他們就可以繼續逃避科學的真相。

我們認為，總有一天，醫學少了維生素 C 治療就會像分娩沒有衛生設備或手術沒有麻醉一樣的不可思議。

第1章
不可思議的療癒分子

"Insanity: Doing the same thing over and over again and expecting different results."

「瘋狂的定義是：不斷重複一樣的事情，卻期望出現不同的結果。」

——亞伯特‧愛因斯坦

　　人類不可缺乏維生素，因為**缺乏維生素會危害健康或甚至造成死亡**。由於維生素被定義為**不可或缺**，因此，就某種意義上而言，每一種維生素都是**同等重要**。然而，有些維生素的必需攝取量比其他維生素更多，攝取的次數也更為頻繁。從我們詢問營養師的經驗中得知，幾乎所有的營養師都會選擇維生素 C，倘若他們只能攝取一種維生素。這個結果不僅反映出這種維生素的普遍性，同時也反映了其對健康和疾病的廣泛作用。

　　維生素 C 的發展歷程帶我們進入一個近代人類史、心理學和社會控制體制的發展旅程。維生素 C 為我們打開一扇窗，讓我們窺見正統醫學中的許多誤解。維生素 C 真實的故事，不僅道出勇敢的醫生和科學家們願意揭露真相，同時也指出在壓力與主流醫學機制下行走這條科學之路的艱辛。

認識維生素 C

　　維生素 C 是一種**結構類似葡萄糖**的白色結晶物質小分子。它是由化學鍵連接六個碳原子、六個氧原子和八個氫原子所組成的單一分子，名為抗壞血酸（$C_6H_8O_6$）。它是弱酸性且略帶酸味，然而，許多食品補充劑使用鹽的形式（抗壞血酸鈉、抗壞血酸鈣或抗壞血酸鎂），也就是偏中性或弱鹼性而非酸性，以免刺激敏感的胃。抗壞血酸的酸度就好似柑橘類果汁或可樂軟性飲料的酸度。有一些維生素 C 存在於我們的食物中（特別是蔬果類），不過，正常的飲食無法提供我們維持最佳健康狀態所需的足夠劑量。

　　體內的維生素 C 具有許多功能。其中骨骼和其連接的韌帶與肌腱的伸展支撐力主要來自於一種細長纖維的蛋白質分子，稱為**膠原蛋白**。膠原蛋白是一種**結構蛋白**，它就像是玻璃纖維複合材料中嵌入的纖維，而**維生素 C 則是人體膠原蛋白合成的重要關鍵**。缺乏維生素 C 會導致**壞血病**，造成**牙齦腫脹**、**牙齒鬆動**、**淤青**和**黏膜內出血**。這些症狀有些是因為膠原蛋白與血管中的結締組織流失，因而變得脆弱，以至於無法對血壓和其他的壓力做出適當的反應。

維生素 C 可以**保護大腦和中樞神經系統**免於受到**壓力**的危害。腦部（神經傳導素）中的**腎上腺素**和**去甲腎上腺素**的合成和維持都仰賴於充足的維生素 C。這些神經傳導物質對大腦的功能很重要，並且會影響人們的**心情**。它們的作用如同壓力信號激素，由腎上腺分泌，因此稱為腎上腺素。當身體缺乏維生素 C 時，腎上腺和中樞神經系統就會透過特殊的細胞幫浦吸收維生素，以儲備大量的維生素 C。

肉鹼的合成也需要維生素 C，它是一種小分子，參與運送脂肪到身體細胞燃燒營養素的「發電機」即粒腺體，以提供身體能量（註1），進而增強細胞活性或提供抗氧化電子，以預防有害的氧化作用。

維生素 C 與膽**固醇分解成膽汁酸**有關，這可能對那些希望降低膽固醇的人有所影響。雖然宣稱膽固醇導致心血管疾病的說法過於誇大，不過，維生素 C 對於膽固醇指數的作用顯示，攝取較多的**維生素 C 可以降低膽結石的風險**（註2）。

眾所皆知，維生素 C 是一種抗氧化劑，可以對抗自由基，免於組織受損導致疾病。由於維生素 C 是飲食中主要的水溶性抗氧化劑，所以對健康非常重要。維生素 C 不足會造成體內重要分子受到自由基破壞，其中包括 **DNA**（去氧核醣核酸）和 **RNA**（核醣核酸）、蛋白質、脂肪及碳水化合物。粒腺體的代謝過程、吸煙和 X 光放射線的化學毒素，都是破壞性自由基和氧化作用的來源。

維生素 C 在預防自由基傷害、老化和氧化作用的重要性有時被低估，充足的維生素 C 可以促進體內的**維生素 E** 和其他**抗氧化劑再生**（還原）。我們細胞內生成的主要水溶性抗氧化劑為**穀胱甘肽**（glutathione），這是一種小蛋白質分子（谷氨酸、半胱氨酸和甘氨酸三種胜肽組成），主要作用為保護我們的細胞免於受到氧化作用的傷害（註3）。由於它通常**存在於十倍維生素 C 的濃度中**，所以往往被認為比維生素 C 更為重要。不過，穀胱甘肽和維生素 C 的功能是相輔相成的。

有些動物可以自行合成維生素 C，它們**透過合成更多的維生素 C 以彌補穀胱甘肽的流失**。餵食動物維生素 C 可以增加它們體內穀胱甘肽的含量，進而預防維生素 C 流失。天竺鼠和新生老鼠無法自行合成抗壞血酸，而缺乏穀胱甘肽則足以致命。還好，給予這些動物**高劑量的抗壞血酸**便可以預防死亡（註4）。同樣的，餵食缺乏抗壞血酸飲食而導致壞血病發作的天竺鼠可以透過提供穀胱甘肽單乙脂（glutathione monoethyl ester），一種穀胱甘肽傳導物質來延緩病情（註5）。**穀胱甘肽主要的作用是回收氧化的維生素 C**，好讓它可以繼續發揮抗氧化的功能。穀胱甘肽的抗氧化功能需要維生素 C 才可以運作，即使它存在於極高濃度的維生素 C 中（註6）。這種與抗氧化劑之間的關係顯示攝取大量維生素 C 是預防氧化傷害和疾病與老化的關鍵。

維生素 C 謎思

一直以來，**幾乎所有來自醫生們關於維生素 C 的訊息都是錯誤**

的。目前的醫學觀點認為人們可以透過健康的飲食獲得所有的維生素需求量。我們被告知每日要確保食用五種或甚至九種有益的蔬果，這樣我們就不需要膳食補充品。多吃蔬果有助於預防心臟病和癌症，然而，人們的飲食習慣並未因此改變。英國一份針對四千二百七十八個人的調查報告顯示，有三分之二的人指出他們並未攝取足夠的蔬果建議量（註7）。在北愛爾蘭，只有百分之十七的人指出他們每日有攝取五份有益健康的蔬果。由於缺乏有利的證據和意見不一，這也難怪人們不願意遵循政府的建議攝取量。

因紐特印地安人的飲食為高蛋白與高脂。傳統愛斯基摩人在凜冽氣溫所形成的冰川景觀下，飲食中顯少有植物類，更不會有畜牧類或乳製類產品。因紐特人大多靠簡單的狩獵和釣魚為生，沿海的印第安人利用大海，內陸的印第安人則擁有馴鹿的優勢，這其中還包括動物胃中所消化的植物，內含苔蘚、地衣和可食用的凍原植物。然而，因紐特人的心臟疾病罹患率並不高，儘管他們飲食中含有大量的飽和脂肪且少有蔬果。同樣的，**採用阿金斯（Atkins）飲食法的人並未因此增加罹患心臟病的風險**。以傳統觀念而言，這些飲食法難以均衡，沒有包含政府飲食建議金字塔中的六大類食物——穀物、水果、蔬菜、肉類、蛋類和乳製品。這種飲食習慣照道理來說營養素應該是不夠，所以，因紐特人必須補充一些維生素 C 以預防急性壞血病，然而，人們卻認為**高脂肪**和**動物蛋白**飲食對健康會產生極大的威脅——至少這是所謂的專家們一直以來告訴我們的訊息。

因紐特人在看似營養不均衡的飲食習慣中仍保有最佳的健康狀況（註8）。**因紐特人和阿特金斯飲食法有一個共通點（高脂肪、高動物性蛋白）**，它們雖然算不上是最理想的健康飲食，但卻也提供了適當的營養。因紐特人的飲食習慣改變了**抗氧化劑**的需求，也或許因此**降低了自由基的傷害，以及對維生素 C 的需求量**。這兩種飲食的**維生素 C 含量**比例都比**糖份**高，雖然因紐特飲食的維生素 C 攝取量偏低，然而，他們碳**水化合物的攝取量更是少之又少**。典型的西方飲食每日可能包含五百公克的碳水化合物，而維生素 C 的攝取量卻不超過五十毫克。值得注意的是，**糖會阻礙細胞吸收維生素 C**。所以，雖然因紐特人的維生素 C 攝取量很少，但由於他們有效地善用該分子，因此與糖的競爭也相對地減低，特別是**葡萄糖**。碳水化合物含量低的因紐特飲食部份減少了體內維生素 C 的耗損彌補了攝取量的不足。

水果和蔬菜的主要好處是增加抗氧化劑，特別是維生素 C 的攝取量，本書將解釋為何吃更多的蔬菜（雖然這是很好的建議），但卻無法提供和維生素 C 補充品一樣的益處。有一些醫生主張，高劑量的維生素 C 就如同強效的抗氧化劑，具有治癒心臟病和預防或治療癌症的潛力。但沒有人聲稱多吃蔬菜會有如維生素 C 一樣的巨大效益。

證據會說話

當諾貝爾化學 得主萊納斯 · 鮑林（Linus Pauling）博士提出用高劑量來預防與治療疾病，例如普通感冒後，維生素 C 的爭議就成為眾所周知的論戰。鮑林博士認為，**人們需要維生素 C 的劑量是目前醫生和營養專家們所建議的一百倍以上**，然而醫學界對此的反應是強烈攻擊鮑林博士的科學能力，有些人甚至稱他為「江湖術士」。一九九四年，鮑林博士過世後，醫療機構辯稱他們已經證明鮑林博士的主張是錯的，所以人們只需要少量的維生素 C 就已足夠。如果人們攝取太多，他們認為身體無法吸收，所以不可能達到鮑林博士和其他人所主張的健康效果。不過，接下來我們將看到目前最新的科學證據並不支持這個論點。

　　從歷史上來看，人們認為多種維生素是微量營養素，對健康很重要，人如果缺乏維生素則可能會生病或甚至死亡。微量營養素是一種物質，如維生素或礦物質，而生物體的生長和代謝都需要微量營養素。當然，大量的微量營養素並非必要，而且甚至可能會中毒。

　　在人們尚未發現與分離出可以預防壞血病的物質時，維生素 C 這個名詞早已存在。不過當時的技術並不成熟，因為在未知其化學結構之前，無法確定它的屬性。由於名為「維生素 C」，所以人們就預先假設只需要微量就足夠了。在一九二七年到一九三三年間，當**艾伯特 • 聖喬爾吉**（Albert Szent-Gyorgyi）**博士首次由匈牙利紅辣椒中分離出抗壞血酸，並且確定它就是維生素 C 時**，他意識到，人們對維生素 C 的先入為主偏見，可能會妨礙後續的科學研究。打從一開始，聖喬爾吉博士就懷疑，人們可能需要每日數克以上的維生素 C 攝取量以保持最佳的健康狀態。

　　隨著其他維生素被分離與研究後，人們發現似乎少量的維生素就可以預防急性疾病，所以將維生素視為微量營養素的想法已成為營養教條。從那時起，大多關於維生素的科學見解就分為兩大派。派系一有政府和官方的支持，主要是基於歷史的原因。這個官方團體認為，只要攝取足以預防因缺乏而導致急性症狀，如壞血病的維生素量就夠了。根據傳統的看法，攝取超過足以預防疾病的量是不必要的，而且可能會有一些假設性的危險。然而，就維生素 C 而言，這些所謂的危險性目前仍缺乏有力的證據。

派系二的科學家和醫生們，我們稱為細胞分子矯正學派，他們認為官方所提出的證據並不完整。**細胞分子矯正**（Orthomolecular）一詞出自**萊納斯 • 鮑林**，描述運用適量的營養素矯正人體組織的營養分子做為主要的治療方法。因此，若要達到最佳的健康狀態，維生素的攝取量可能需要更多。這組科學家們認為，關於維生素和營養素攝取量對健康影響的證據嚴重不足，換句話說，我們並沒有資料以確定最佳的攝取量。如果分子矯正科學家的觀點是對的，那麼，適量的營養素或許就可以預防多種人類的慢性疾病。

出人意料的是，主流和細胞分子矯正醫學對大多數維生素和礦物質的建議攝取量落差並不會太大。官方維生素 E 的每日建議攝取量（RDA）為 22 國際單位（IU），雖然分子矯正醫學醫生的建議攝取量通常比較高，大約每日在 **100-1,000 IU**（為 RDA 的五至五十倍），不過相較之下，維生素 C 的差距就非常的大了。美國對成年人的維生素 C 每日建議攝取量為 90 毫克，然而科學家如鮑林博士則建議每日要攝取 **2-20 公克**（2,000-20,000 毫克），而這份落差對於那些生病的人則更大。官方立場主張，維生素 C 攝取量高於 90 毫克對病症並無助益，然而，維生素 C 研究先鋒羅伯特 • 卡斯卡特（Robert F. Cathcart III）博士一直以來都採取**每日高達 200 公克**（200,000 毫克）以上的劑量來治療疾病，而這個劑量則是 **RDA 的二千倍**以上。

法蘭西斯 • 培根（Francis Bacon,1561-1626）寫過一個相關的故事，他曾是文藝復興時期和早期近代過渡期的自然哲學代表人物（註10）。一四三二年間，有一些修士對於馬究竟有多少顆牙齒爭論不休，在長達十三天激烈的爭辯中，學者們努力搜尋古書和手稿，為了找出明確的答案。到了第十四天，一位年輕的修士傻乎乎地問，他是否該找一匹馬來，並且看看它的嘴巴。然而，這一問引起軒然大波，其他人開始攻擊他，並把他趕出去。很顯然地，撒旦誘惑新手提出以非神聖的方法尋找真相，然而這卻完全違背了神父的教導！

就我們當前的科技時代而言，培根的故事聽起來有些離奇有趣。然而，很不幸地，修士們透過規定人們應該如何尋找真相，藉此以隱瞞真相的手法，普遍存在於現代醫學之中。隨著維生素 C 的故事發展，這個簡單的營養素即將揭開現代醫學已淪為一種行業，被當局體制主導，不再是一門科學學科的真相。例如，臨床試驗以非科學的謬論將之當成安慰劑來否定其在營養方面的功效，而為了對應那些宣稱高劑量有效的觀點，醫學守舊派則誤導維生素 C 低劑量的訊息，主流醫學則抱持觀望態度，故意忽視高劑量維生素 C 是否有害於人體健康這方面的臨床觀察。

攸關存亡

雖然維生素 C 為生物必需營養素，但大多數的動物並不需要攝取維生素 C，因為它們體內可以製造。然而，有些動物，包括人類早已失去自行合成維生素 C 的能力，事實上，他們是抗壞血酸突變體，需要仰賴飲食補充維生素 C。缺乏維生素 C，人類、靈長類和天竺鼠會引發致命的疾病——**壞血病**。

大約四千萬年前，人類祖先是矮小佈滿毛髮的哺乳動物，然而，或許是因為輻射誘發基因突變，造成這種動物失去合成抗壞血酸所必需的酶基因（註11），由於這個突變，使得其後代無法製造維生素 C。

根據推測，他們很可能是素食主義者，攝取大量的抗壞血酸，所以失去這種酶並未造成災難。

　　演化適應力是生物體讓後代保有生存優勢的能力，令人驚訝的是，失去製造維生素 C 基因，對我們祖先的演化適應力和生存並未有極大不利的影響。我們之所以知道是因為，這些基因突變的物種並未因此滅絕，而是存活下來了。可能的原因是，有些動物，包括人類，透過失去維生素 C 的合成基因以獲得某種進化的優勢。

　　人類不是唯一需要攝取大劑量維生素 C 的生物，這其中還包括天竺鼠、靈長類、一些蝙蝠和某些鳥類。這些動物都從數百萬年的生存鬥爭中演化成功生存下來，如果在演化過程中，失去製造維生素 C 的能力只有那麼一次，那就真是太奇怪了。從生命演化史來看，鳥類和哺乳動物早在我們祖先失去這個基因前就已分歧，鳥類似乎起源於爬行動物，在侏羅紀後期和白堊紀早期（大約一億五千萬年前）。哺乳動物從爬行動物演化而來的年份則更早，在石炭紀和二疊紀時期（大約二億五千萬至三億五千萬年前），這也說明了鳥類和哺乳動物分別在不同時期失去製造維生素 C 的能力。

　　人類缺乏維生素 C 會引起**壞血病，造成全身性出血和瘀傷，牙齦腫脹、牙齒脫落，在短短幾個月內，患者會痛苦死去**。在早期航海年代，壞血病奪走許多船員的生命。奇怪的是，有些人似乎比其他人對這個疾病更具有抵抗力，也就是說，有些人體內很可能保有製造維生素 C 或者維持其含量的某些生化能力。幸運的是，就算每日只有幾毫克的維生素 C 就可以預防急性壞血病。我們可能會好奇，為什麼早期人類沒有死於壞血病進而絕種。不管原因為何，草食性動物，包括靈長類的飲食中都含有大量的蔬菜，它們的維生素 C 攝取量非常高。透過研究巨猿的飲食，萊納斯 · 鮑林推算早期人類每日維生素 C 攝取量可能有 2.5 至 9 公克之多（註12）。如果動物飲食中含有大量的維生素 C，那麼失去製造它的基因也不會造成演化適應力喪失。因此，我們可以合理地假設，我們的早期祖先大多數是素食者。

演化成功還要取決於繁衍。只要幼童能夠攝取足夠的維生素 C 以預防急性壞血病，這樣缺乏該基因也許就不會降低早期人類的演化適應力。所以，懷孕和育兒期間一定要有足夠的維生素 C 以預防疾病及保持身體健康。

在食物足夠的時候，喪失維生素 C 基因影響或許不大，事實上，素食動物沒有這個基因可能有一些**體力上的優勢**，因為它們體內不需要製造這個物質。或許長時間以來，有這個基因和因突變失去這個基因的動物數量不相上下，然而，當糧食短缺，那些不需要浪費體力製造維生素 C 的動物就有生存的優勢，卡斯卡特博士曾說，這個突變足以「餓死」那些保有該基因的動物。在嚴峻演化的壓力下，沒有維生素 C 基因的動物反而佔優勢，而保有該基因的動物則已經絕種了。

演化優勢

一些證據顯示，人類總數在過去曾經大幅減少。對許多物種而言，演化瓶頸是很常見的，因為只有那些在生態系統中保有競爭地位的物種才能生存下來。大多數曾經存在於地球上的物種都已經滅絕，一個典型物種的生命周期大約是一千萬年（註13）。目前的證據指出，人類在十五萬年前幾乎絕種，而基因研究學者提出，所有人類源自於非洲一個小族群，就在十五萬年到二十萬年前之間（註14）。一個創新的科學論據提出，所有人的生命源自於十五萬年前，生活在非洲東部的一個女人，這個區域包括當今的伊索比亞、肯亞和坦尚尼亞。學者稱她為「粒腺體夏娃」，是所有人類最近的共同女性祖先（註15）。

　　若要瞭解粒腺體夏娃的意義，我們就別忘了人類細胞含有一種名為粒腺體的小顆粒，具有供給我們能量的生化機制。粒腺體本身有它們的基因（DNA），透過母親的卵子轉移給小孩（註16），而男性精子比卵子小很多，所以它不提供粒腺體給胎兒。科學家已經證實，所有人類的粒腺體（DNA）都是源自於一個單一的個體。這位夏娃並不是獨居，很可能生活在一個小村莊或社區，她的孩子們在部落裡比其他人擁有更多的演化優勢。

　　相對的還有一位共同的男性祖先，稱為「Y 染色體亞當」，生活在六萬至九萬年前，染色體是基因的組合，將 DNA 轉移給後代的細胞。男孩從父親哪兒得到 Y 染色體，並且從母親哪兒得到 X 染色體，成為一對 XY 的組合，因而決定男性的性別。女性則各從父母哪兒得到一個 X 染色體，進而成為一對 XX 組合。當科學家們在鑒定 Y 染色體亞當時，他們追蹤到 Y 染色體的突變。與聖經亞當不同的是，Y 染色體亞當的生存年代是在粒腺體夏娃數萬年之後，我們不應將亞當和夏娃的故事視為科學根據，不過，這個故事也說明了現有證據的可能性。

　　關於 Y 染色體亞當一個可能性的解釋是在七萬至七萬五千年前，發生在印尼多峇湖一個超級火山事件，這個大災難使得人類人數大幅降低（註17）。當時人類繁殖的配對數可能只剩下幾千對，造成一個人類演化的瓶頸。這個地質事件或許比一九八〇年聖海倫火山爆發的程度大千倍以上，因而使全球氣溫降低好幾年，或許也因此進入冰河時期，而 Y 染色體亞當很可能就是這場多峇超級火山災難的成功倖存者。

這個記述說明了淘汰壓力對人類而言是很嚴苛的。假設喪失維生素 C 基因可以增加饑荒時期的生存能力，甚至很可能確保人類最終存活下來，這或許就可以解釋粒腺體夏娃藉由一個粒腺體DNA突變，帶給她比其他人更大的優勢。在這個情況下，擁有夏娃粒腺體的人口數就會增加，並且最終取代其他類族群。我們也可以用類似的方法來解釋 Y 染色體亞當。

不同於靈長類和許多其他哺乳動物，人類幾乎沒有基因多樣性，這或許是造成人口總數瓶頸的原因（註18）。任何存在於少數個體的基因都有被淘汰的風險， 然而，因缺乏維生素 C 基因而獲得進化的優勢已出現過許多次，所以，人口瓶頸或許保障了那些沒有該基因的人勝出，於是我們的基因就承襲了這個演化意外的結果。

失去自行製造維生素 C 基因的代價

物種一旦繁殖，演化淘汰的壓力就變小了。雖然保有這個演化優勢，不過，**失去這個基因讓老年人面臨到維生素 C 嚴重不足與疾病**的困境，但在演化上，這個因素是次要的。在野外，年老動物很罕見，不過，大家庭的群體則例外，現代人類與一些動物族群中，祖父母或許會共同養育幼童，而失去維生素 C 會導致許多問題，包括**關節炎、心血管疾病、癌症和免疫力下降**，因此，已經完成生殖階段的動物，即使在死亡後也無法預防其成功的下一代罹患這些疾病。這些慢性疾病在晚年發作，對演化適應力的影響很小。在演化上，年老的天竺鼠受苦並不重要，重要的是留下了大量健康年輕的下一代。

人類演化或許提供人類糧食短缺時期的生存能力，但卻也帶來了慢性疾病的代價，這類疾病只有在飲食中維生素 C 長期攝取量不足時才會病發。我們對於哺乳動物先祖們失去維生素 C 的年代資訊少之又少，我們擁有的零星記錄也是來自四千萬年前恐龍滅絕後不久那個年代的化石。更重要的是，我們也少有關於祖先們的飲食資訊。

現代人典型的飲食並不富含維生素 C 類蔬菜，雖然攝取量有限卻也仍然長壽，不過人們要忍受日漸產生的退化性疾病和較低的生活品質。如果這個失去的基因仍然存在，那麼這些不必要痛苦或許就不會發生了。我們沒有自行製造抗壞血酸的能力，意味著每一個新生兒都是如此，如果不是先天缺乏維生素 C，就是日後要補充維生素 C。

維生素 C 如何治療疾病

近年來，關於維生素 C 真實的內情已日漸明朗，因為相關證據已經證實維生素 C 對身體健康有極大的助益。幾乎沒有科學證據可以證明低劑量抗壞血酸（RDA 建議量）最適合人類這個論點，抗氧化劑如維生素 C 是生命必需營養素，因為疾病的過程幾乎都與自由基攻擊有關，而抗氧化劑的防護則可以與之抗衡。

人們看醫生都期望可以得到一個明確中立的資訊，關於他們生什麼病與治療的方法。更重要的是，他們要知道可以做些什麼來預防疾病。患者想要收集所需的訊息以做出明智的選擇，然而，在許多情況下，患者無法得到這些資訊，甚至連醫生也無法評估他們所需的資訊，以做出最適合患者利益的決定（註 19）。人們通常不顧一般專家的建議，並在飲食中自行補充相當於克級劑量的維生素 C 和其他抗氧化劑。令人驚訝的是，這些不同獨立個體的族群往往比那些獲選為專家的委員們更能提出準確的解決方案（註20），因此，這些群眾的決定可能是一個跡象，暗示醫學已誤入歧途，並且拒絕、無力且不願意對證據做出理性的回應。

克級劑量的維生素 C 可以預防許多疾病，而**治療疾病則需要更高的劑量**，然而，治療所需的高劑量往往受到質疑，當我們告知醫生治療感冒可能需要每日 50 至 100 公克（50,000-100,000 毫克）時，他們的疑點就從療效轉移到劑量的大小。大多數的臨床研究都以克劑量為單位，而大於一百倍以上的劑量就有非常不同的屬性。

維生素 C 爭議的原因之一是矛盾的臨床結果，因為**劑量使用不足**，試驗中劑量比該給的量少一百倍，並且一再地打破藥理學的基本規則（註21）。舉例來說，想像一項給予二萬名年輕育兒期婦女服用避孕藥來避孕的研究，該研究人員想要證明這種避孕藥無效，所以他們每月只給一顆藥錠，而不是照原訂的每天一顆，對照組則每月給予一個糖錠（安慰劑）。現在，假設五年後臨床實驗結果顯示，一個月服用一顆避孕藥的懷孕率和糖錠組的結果是一樣的。任何有理智的人都不會接受「這個臨床試驗已證實服該避孕藥無法避孕」的聲明，你不能指望每日一顆的需求量改為每月一顆後可以達到相同的效果。然而，研究「**高劑量**」維生素 C 的作法就類似上述，目的就是要證明它無效。

最佳的維生素 C 攝取量是達到**預防疾病**，並且將潛在性風險降到最低的劑量。主張攝取到可以預防急性壞血病的劑量就足以預防其他疾病的看法是一個很大的假設。此外，大量的證據顯示，預防慢性疾病所需的維生素 C 攝取量遠大於 RDA 所建議的攝取量。不幸的是，慢性疾病和高劑量維生素 C 攝取量的相關研究並未著手進行，所以，我們只能根據有限的知識基礎做出結論。在一般情況下，前瞻性的研究可以提供最直接的資訊。在一項前瞻性研究中，研究人員要估算大量受試者的維生素 C 攝取量，並且日後定時追蹤他們是否罹患特定慢性疾病，然而，這種研究所費不貲且往往不精確。例如，維生素攝取量可能是透過問卷調查估計，以及從特定食物中粗略計算其比例。人們的飲食可能會隨著時間改變，而營養成分表不會特別一一註明，舉例來說，新鮮、有機的胡蘿蔔就比罐頭紅蘿蔔含有更多的維生素 C。若要獲得最佳攝取量的準確數據，這些研究就需要將每日攝取量從 50 毫克提高到至少 10,000 毫克，不過，至今並沒有人進行這種研究。倒是有一些研究員的看法較奇特，他們認為來自食物中的維生素 C 似乎比營養補充品中的同類分子更為有效。然而，另一種解釋指出，從食物中計算維生素 C 攝取量的方法有失精準。但是，另一個很可能與事實有關的解釋為，我們每日用餐好幾次，而且來自食物的維生素 C 釋放量比營養補充品更為溫和且持續（註 22）。

壞血病

　　許多人一想到壞血病就聯想到歷史的教訓，而不是現代的健康議題。經過五十年的延誤，英國海軍部終於通過詹姆士 • 林德（James Lind）於一七四七年發現到食用**柑橘類水果**可以預防壞血病的法規。在這段期間，數以千計的船員死亡。不幸的是，對他們來說，提供柑橘水果的成本比徵召一群士兵還要高。當時和現在一樣，經濟上的考量往往大過於科學或人民的福祉。

**　　急性壞血病患者最終會出現瘀青、因關節內出血而造成腫脹和嚴**

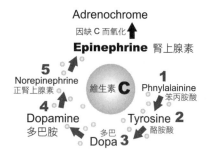

維生素 C 與多巴胺及腎上腺素的合成機轉

重疼痛、掉髮與牙齒脫落的症狀。這些症狀正如我們之前提及是膠原蛋白不足的結果，早期症狀包括疲勞、肉鹼合成能力與對壓力的敏感度下降，因為體內腎上腺素和正腎上腺素的含量偏低。〈編審註：人體合成腎上腺素與去正腎上腺素的五大機轉與維生素 C 的全程參與。〉

在開發國家中，急性壞血病很罕見，因為每日只要攝取幾毫克的維生素 C 就可以預防這種疾病，然而，在第三世界的國家中，壞血病就很常見了。不過，即使在開發地區，患有慢性疾病、體弱者、老年人和兒童都有罹患的風險，而且血液中維生素 C 含量偏低則是很常見的現象（註23）。一個人如果在短期內攝取的維生素 C 量只足以預防痛苦死去，但量卻不足以維持最佳身體健康時，慢性壞血病仍然有可能會發作。

預防心臟病與中風

許多前瞻性研究指出，低維生素 C 攝取量與罹患心血管疾病的風險增加有關。儘管這類研究並不包括較高的攝取量調查，但報告中卻不當地假設每日大約 100 毫克的維生素 C 就可以將風險降到最低。第一屆全國健康和營養調查研究（NHANES I）估計，補充維生素 C 可以降低女性百分之二十五和男性百分之四十二死於心血管疾病的風險（註24），而平均每日維生素 C 的補充攝取量為 300 毫克。

研究人員在審查涵蓋二十九萬個成人的九份報告中發現，每日攝取超過 700 毫克維生素 C 的人，其罹患心臟病的風險降低百分之二十五，這些受試者在長達十年研究一開始時心血管系統都很健康（註26）。另一項長達十六年，涵蓋超過八萬五千名女護士的研究發現，攝取較高劑量的維生素 C 有助於預防心臟病（註27）。這再一次說明，攝取高劑量維生素 C 補充品（平均每日 359 毫克）可以降低百分之二十七至二十八罹患心臟病的風險。值得注意的是，沒有攝取補充品的護士則無法從中受益。

　　類似的結果也出現在中風的研究中。一項長達二十年的觀察，涵蓋一百九十六位的中風個案（包括 109 位血栓和 54 位腦溢血），其中血液維生素 C 值最高的受試者中風的風險比最低值少百分之二十九（註28）。這項研究是針對日本農村年齡在四十歲，且於一九七七年身體檢查時沒有中風的八百八十位男性和一千二百四十一位女性。不足為奇的是，那些幾乎每天吃蔬菜的人，其罹患中風的機率比那些一個星期才吃兩天或更少的人低。攝取蔬果會提高血漿維生素 C 濃度，雖然也很可能是蔬果中其他成份帶來報告中的好處，不過，目前尚未有證據證實這一點，同時也沒有證據表明，攝取蔬果會為行為或生活方式帶來相關的助益。然而，值得注意的是，在這項研究中，受試者的**平均血漿維生素 C 值都接近不足**，而且低於健康營養的標準。或許有人會想，如果當初這些受試者有補充維生素 C 營養素，那中風的發生率可以降低多少呢？

　　從這樣粗略的實驗過程我們或許可以得知，有一些前瞻性流行病學的研究並未發現攝取維生素 C 補充品可以降低罹患心血管疾病的風險。總之，不管怎樣，這些結果都主張，若要降低心臟病發作的風險，人們就要攝取**足夠的維生素 C 以維持健康的心血管**（註30），此外，攝取更多的維生素 C 或許可以有效地將心臟病從人類病史中根除。

預防癌症

多數人認同食用蔬果可以降低罹患多種癌症的風險（註31）。蔬菜含有大量植物營養素和其他預防癌症的物質，所以多吃蔬菜促使維生素 C 攝取量增加的效益相對上不怎麼明顯。

每日攝取較多的**維生素 C 有助於降低多種器官罹患癌症的風險，其中包括口腔、頸部、肺和消化道（食道、胃和結腸）**。一項研究指出，每日攝取 83 毫克維生素 C 的男性，其罹患肺癌的風險比每日攝取少於 63 毫克的男性低百分之六十四，這項研究追蹤八百七十位受試者長達二十五年之久（註32）。此外，研究已發現，增加維生素 C 攝取量有助於降低罹患胃癌的風險。導致潰瘍的幽門螺旋桿菌與罹患**胃癌**的風險增加有關，由於這種細菌會減少胃液中的維生素 C 含量，所以目前針對潰瘍的抗生素治療已加入營養補充品作為輔助（註33）。

多數的大型調查研究鮮少有乳癌與維生素 C 低攝取量的關聯性。不過，在一項超重婦女的研究中發現，平均每日攝取 110 毫克維生素 C 的婦女，其罹患**乳癌**的風險比每日攝取 31 毫克的婦女低百分之三十九（註34）。護士健康研究也指出維生素 C 低攝取量與乳癌有關，研究發現，**停經前婦女平均每日攝取 205 毫克的維生素 C，其罹患乳癌的風險比那些每日只攝取 70 毫克的婦女低百分之六十三**（註35），而這些受試者都有乳癌家族史。不幸的是，同樣的，這些研究並沒有更高維生素 C（範圍在 1,000 至 10,000 毫克）攝取量的資料。

病毒性疾病

在醫學史上，以高劑量維生素 C 治療的報告結果幾乎是無與倫比。一個經典的例子是弗德瑞克・克蘭納（Frederick R. Klenner）醫師對小兒麻痺症的研究。在一九五〇年間，克蘭納博士曾經用維生素 C 在幾天之內治好**小兒麻痺症**，當時小兒麻痺疫苗尚未發明，患者往往因此癱瘓或死亡，然而，克蘭納博士指出，他的病患都沒有因此死亡或癱瘓。

在一九五〇年代，由強納森・古爾德（Jonathan Gould）醫師領導的研究小組進行以維生素 C 治療小兒麻痺症的雙盲安慰劑對照實驗（註36）。研究中有七十位兒童接受治療，其中有一半的兒童給予維生素 C，其餘的則是安慰劑。**結果所有給予維生素 C 的兒童都康復了**，但是，在安慰劑組中大約有百分之二十的兒童有殘疾的後遺症。然而，古爾德博士並未發表他的研究結論，因為當時小兒麻痺沙克疫苗剛宣布，所以大家對接種疫苗的免疫效益有很大的期待。不過，如果研究報告是正確的，那麼這些關於維生素 C 的結果就更加重要了。

維生素 C 或許可以作為一般「**抗生素**」以對抗所有病毒性疾病。至今仍然有人死於小兒麻痺症，而且許多病例是因為使用活性疫苗而導致發病（註37），研究人員目前尚未發現任何相對的治療方法，以治療那些每年得到小兒麻痺或其他病毒性疾病的不幸人士。令人驚訝的是，接下來的半個世紀，在沒有臨床實驗測試的情況下，許多有名望的醫師都提出以維生素 C 來治療多種病毒性疾病的類似見解。

重金屬中毒

重金屬中毒是一個持續存在的問題。數千年來，**鉛**一直困擾著人類，曾有一度，人們認為羅馬帝國的衰亡是與鉛有關。其中一個原因是，鉛製水管的毒性物質會導致智力缺陷。或許這個影響看似很小，不過相較於其他競爭文明就顯得衰弱了（註38）。在羅馬衰亡之前，幾世紀以來人們都一直使用鉛製水管，例如英國仍然繼續使用，直到二十世紀才逐漸淘汰。不過，這個毒性效應並未強到足以妨礙人類的智力激發，進而阻止工業革命的推動。

最近重金屬中毒的問題是來自汽車廢氣、水中的**鋁**和齒科填料的**汞**（註39）。我們以**鉛**中毒為例來說明維生素C的保護作用，這類的中毒偶而會出現在懷孕婦女身上，使胎兒異常生長與發育，而長期接觸鉛的兒童則會有**行為問題**與**學習障礙**。在成人中，**鉛**中毒可能造成**高血壓**與**腎臟受損**，在老年人中，**血液維生素C濃度較高的人，其體內鉛濃度相對較低**。一項涵蓋七百四十七位老年人的研究發現，每日口服維生素C低於109毫克的人，其血液和骨骼中的鉛濃度比每日攝取339毫克的人還要高（註40）。另外一份涵蓋一萬九千五百七十八人的研究也證實這個結果，這表示血清中維生素C值較高，有助於大幅降低血液中的鉛濃度。〈編審註：血液中鉛濃度大多從加鉛汽油廢氣、鉛水管釋出或油漆成分而來。〉

適度的維生素C攝取量在短短幾周內就會降低血液中的鉛濃度。一項雙盲安慰劑對照組的研究中發現，針對七十五位吸煙男性補充維生素C補充品（每日1,000毫克），在短短一個月內，他們血液中的鉛濃度都明顯的下降（百分之八十一）（註42），而那些低攝取量（每日200毫克）的受試者其血液鉛濃度則沒有受到影響。

白內障

從可以預防自由基傷害的作用看來，維生素C或許可以預防白內障,一種導致視力受損的原因之一（註43）。白內障的產生有許多原因,其中包括長期曝露在紫外線（UV）光照射和其他游離輻射下,同時,它們還與**糖尿病**患者的**高血糖**有關,並且隨著年齡增加,發病率更為頻繁與嚴重。白內障最主要的影響是眼睛的晶狀體蛋白產生變形。

　　症狀更嚴重的白內障與眼睛中的低維生素 C 值有關,所以,無庸置疑的是,增加血漿中維生素C的濃度有助於減輕白內障的症狀（註44）。然而,並不是所有的研究結果都是如此,原因可能是並未持續供給足夠的劑量以提高血液和眼睛中的維生素 C 濃度（註45）。一項超過六年,針對四千六百二十九名成年人關於抗氧化劑補充品,其中含有維生素 C（500 毫克）、維生素 E（400IU）和 β-**胡蘿蔔素**（15 毫克）的試驗發現,這些抗氧化劑對白內障的病情沒有任何影響（註46）,而其中可能的原因是所使用之維生素 C 的劑量很小,而且有些受試者還同時服用**銅**,銅會與維生素 C 相互影響,造成氧化而降低維生素 C 的效用。此外,該維生素 E 是合成的 dl-α-生育酚,通常用於研究中,不過,其活性不如混合三烯生育醇和生育醇的天然維生素 E。

　　就某些程度來說,幾乎所有的慢性疾病都與維生素 C 攝取量不足有關,不過,目前的科學證據少之又少,或許我們需要好幾世紀才能確定哪些慢性疾病與維生素 C 攝取量不足有關。同時間,多少才是維生素 C 最佳攝取量的議題仍持續爭論不休。是時候了,醫界的科學家們該意識到攻擊和詆毀維生素 C 與其他營養素療法是不容姑息,唯有對維生素 C 和其他營養素保持開放與採取科學的方法才可以為人類帶來最大的福祉。

第 **2** 章
研究維生素 C 的先鋒

"The conventional view serves to protect us from the painful job of thinking"

「世俗認知的用意就是要我們不要陷入惱人的思考。」

——高伯瑞（John Kenneth Galbraith）

我們的祖母常說「多吃青菜水果，很有營養」，這個建議很好，因為這些食物含有必需維生素、礦物質和植物營養素，有助於預防疾病，保持身體健康。雖然當前的營養建議，每日食用五至九種蔬果與祖母的看法一致，但卻不認同這幾十年來營養科學已快速發展，我們現在已可以從食物中分離與辨認出有益的物質。

維生素 C 的發現

二十世紀初，人類首次確認維生素，並為其命名。克利斯汀安 · 艾克曼（Christiaan Eijkman）和他的研究伙伴格里特 · 格林斯（Gerrit Grijns） 指出，米糠中含有某種少量預防雞群生病的物質。隨後，一九〇六年，英國生化學家佛德瑞克 · 霍普金斯爵士（Sir Frederick Hopkins）餵食老鼠一種來自蛋白質、脂肪、碳水化合物和礦物鹽製成的人工奶。他發現這些老鼠的成長不如預期，不過，再加入一些牛奶後，它們的成長就變得非常快速，因此，為了生長，這些老鼠中的奶類顯然需要一些額外物質。

一九一二年，霍普金斯和卡西米爾 · 馮克（Casimir Funk）博士提出，飲食中某些物質不足會導致疾病。他們的「維生素假設」主張這四種維生素可以預防四種疾病：

• 維生素 B_1 預防腳氣病
• 維生素 B_3 預防糙皮病
• 維生素 D 預防軟骨病
• 維生素 C 預防壞血病

霍普金斯和卡西米爾・馮克博士共享一九二九年諾貝爾，原因是他們發現維生素對維持身體健康的重要性。

當抗壞血病物質被命名為維生素 C 時，沒有人知道它是什麼。人們只知道它來自水果，因為先鋒如詹姆士・林德（James Lind）在十八世紀時曾指出柑橘類水果可以治療船員的壞血病。然而，蔬果中一定有某個特定的化學成分可以預防和治療壞血病，以證明維生素 C 的假設是正確的。在一九二八年間，匈牙利生化學家艾伯特・聖喬爾吉（Albert Szent-Gyorgyi）博士在劍橋從蔬果中分離出一種白色粉末的強效抗氧化劑。他意識到他發現了讓人摸不著邊的維生素 C，也因此得到一九三七年的諾貝爾醫學獎。聖喬爾吉博士始終認為人們可能需要克級劑量以維持身體健康，不過他的觀點當時是屬於少數派。

維生素被定義為微量營養素，抗壞血酸也被歸類其中。不過，當抗壞血酸首次被確認與分離出來時，人們認為抗壞血酸與維生素不同，並且主張人們需要攝取高劑量維生素 C 的看法就產生了。從那時候起意見就分歧了，而那些研究人們需要攝取高劑量維生素 C 的醫生們也被邊緣化。數十年來，提倡的醫師們不斷研究高劑量維生素 C 在臨床上的成效，他們顯著的臨床效益報告已出現多次，而且他們的貢獻已成為細胞分子矯正醫學一個很重要的基礎。

歐文・史東博士

歐文・史東（Irwin stone,1907-1984）博士是最早意識到維生素 C 潛力的科學家之一。史東博士是一位工業化學家，他一開始是將維生素 C 作為**食品防腐劑**之用途，直到維生素 C 改變他的人生。史東博士在紐約受教育，成為一位生化工程師。一九二四到一九三四年間，他服務於皮斯實驗室，從一位細菌學家助理最終晉升成為首席化學家（註1），隨後他為沃勒斯坦公司成立與管理早期的生化實驗室。史東博士將維生素 C 用在食物上以**預防氧化**，而這也是至今一個普遍的用法。他以抗壞血酸作為食品防腐劑和抗氧化劑取得第一項工業應用專利，並且發表超過一百二十篇科學論文和獲得二十六項美國專利。

他日漸相信攝取高劑量維生素 C 對身體健康有很大的幫助。在一九三〇年代，維生素 C 上市後不久，史東博士開始在飲食中加入大量的維生素 C 補充品。他指出，**人類繼承了需要抗壞血酸的遺傳基因，但本身卻無法製造**（註2），這種天生需要抗壞血酸的依賴關係或許可以從飲食中得到補充，但這卻不容易（註3）。根據史東博士的研究，**當前維生素 C 的建議量比我們真正需要的量少一百倍以上**，從其他哺乳動物每日體內產生的量中就可以得知（註4）。他一再聲明，**漠視這個事實將足以致命**（註5）。

嬰兒猝死症候群（SIDS）是維生素 C 缺乏而導致疾病的一個主要例子。兩位澳洲醫生阿爾奇 • 卡羅卡瑞諾斯（Archie Kalokerinos）和葛蘭 • 戴特曼（Glen Dettman）表示，嬰兒猝死症候群可能是一種小兒壞血病的現象。母親完全仰賴飲食獲取維生素 C，如果維生素 C 攝取量不足，孩子天生就會有慢性、亞臨床（無明顯臨床）症狀的壞血病。如果他們的理論是正確的，那麼提**高嬰兒或哺乳之媽媽的維生素 C 攝取量就可以預防嬰兒猝死症候群**（註6）。史東醫生指出，每年有一萬名嬰兒死於可避免的嬰兒猝死症候群，不幸的是，醫學機構自滿的認為壞血病已是過去式，因此沒有進行這方面的臨床觀察。

　　史東醫生對維生素 C 的研究持續進行，在一九五〇年代晚期，他得出的結論是，**壞血病比我們已知的更為普遍。**此外，維生素 C 並沒有我們所預期的微量營養素性質，因為我們身體需要的是大量維生素 C（註7）。在他看來，抗壞血酸根本不是一種維生素，而是飲食必需營養素，且所需的劑量比微量營養素要高出許多倍（註8）。動物肝臟或腎臟可以製造大量的抗壞血酸，因此，**史東醫生認為人們需要的維生素 C 量比醫療機構建議的還要多很多**（註9）。

　　一九六六年四月，史東醫生遇到萊納斯‧鮑林博士，並且告訴他關於維生素 C 的想法（註10）。當時六十多歲的鮑林博士表示，隨著醫學日新月異，他希望可以再**多活二十五年**以見證研究的發展，史東醫生建議他可以服用高劑量維生素 C 以實現他的目標。鮑林醫生對這個論點深信不移，開始服用高劑量維生素 C，於是他實現了聲稱的二十五年之久，而且還多一些呢（註11）！

　　史東醫生從那時候起開始大量收集維生素 C 研究報告，值得注意的是，他討厭「維生素 C」一詞，於是他用其化學名「**抗壞血酸**」代替。《megavitamin》（高劑量維生素）一字似乎創自史東醫生，而且他還用《hypoascorbemia》（抗壞血酸低下症）一字來形容亞臨床維生素 C 缺乏的症狀（註12）。他認為**壞血病不是一種維生素缺乏的疾病，而是一種新陳代謝缺陷。**〈編審註：史東當年犀利而明確的見解，於近年來營養科學界對人類「丙酮代謝模式適應性」(Keto-Adaptation) 的多項研究得到證實——即壞血病是因人類演化成以葡萄糖代謝模式（即以澱粉與糖為主食）後，所產生的缺氧、抗氧化能力不足引起的病變。而維生素 C 恰巧為最容易取得的廣效性抗氧化劑，人體能藉以中和自由基避免組織損傷，尤其在結締組織：牙齦、骨質、血管等，壞血病患者明顯呈現的病兆處。〉在一九七一年退休後，他奉獻餘生致力研究，並且讓人們意識到每日攝取克級劑量維生素 C 的必要性。

一九七二年，史東醫生在他的《療癒因子：維生素 C 對抗疾病》（the Healing Factor: Vitamin C Against Disease）一書中公開五十年來具有意義的研究與觀察報告，這其中包含維生素 C 成功治療感染（細菌和病毒）、過敏、哮喘、中毒、潰瘍的總結報告，以及對吸煙和眼睛疾病，包括青光眼的影響。他還提及對癌症、心臟病、糖尿病、骨折、膀胱和腎臟病、破傷風、休克、傷口和妊娠併發症的治療。儘管全國健康聯盟發表聲明，認為這本書可能是「健康書史上最重要的一本著作」，但正統醫學卻幾乎完全忽略它。

救他一命的維生素 C

史東博士的維生素 C 高攝取量甚至救了他一命。維生素 C 和其他抗氧化劑可以降低因創傷而引起的壓力（註13），對史東醫生而言，這個作用在一次嚴重的交通事故下是他康復的關鍵，他說道：

在南達科他州瑞比鎮外，我們發生一場嚴重的車禍，酒醉駕駛人以每小時八十英哩的速度逆向行駛與我們迎頭相撞。我和妻子嚴重受傷，而我們倖存的唯一原因是，幾十年來我們都固定每日攝取高劑量的抗壞血酸。我們並未陷入造成多數事故受害者死亡的重度休克，而且在住院期間，我以實驗證明每日攝取 50 至 60 公克抗壞血酸的顯著癒合力量和存活效益。我歷經五次重大手術，沒有陷入任何手術休克，我的多重骨骼創傷癒合得很快，所以短短三個月內我們就出院了。我們搭乘二千英哩路程的火車回家，兩個多月之後，我就回到實驗室工作。我的喉嚨被方向盤零件傷到，造成一個很深的傷口，醫生認為我無法再開口說話。然而，在高劑量的幫助下，這個困擾慢慢地解決，而且我還可以公開發表演說（註14）。

　　史東醫生輕描淡寫地敘述自己當時的狀況。他的兒子史蒂芬，一位退休的執業律師補充，由於汽車受到強大的撞擊力，他父親的四肢，除了右手臂外全都斷裂，而且有嚴重的內傷。當時史東博士需要緊急做氣切手術，當他到達醫院時，他已大量失血，但他卻沒有陷入休克狀態。他們從五月住院到八月出院，當他一可以溝通時，史東博士就堅持要攝取維生素 C 補充劑，並且也讓那些照護他的人相信是維生素 C 讓他存活下來（註15）。

高劑量維生素的先鋒

　　萊納斯・鮑林是史東博士的忠實支持者，正如史東博士對艾伯特・聖喬爾吉博士的理論深信不疑一樣。一九八二年，史東博士寫信給聖喬爾吉博士，提及他一位朋友被診斷出罹患前列腺癌，並且接受了外科手術與放射線治療（註16）。不幸的是，癌細胞已擴散到骨盆，他的朋友被告知大約還有一年的壽命。幸運的是，史東博士是首批意識到維生素 C 或許有預防與治療癌症的研究專家之一（註17），他的信件提供我們一個關於癌症患者使用維生素 C 口服劑量的軼聞：

　　自從一九七九年他開始**每日服用 80 公克**後，他的精神變得很好。他說大部份的時間他都覺得很好，他也可以開始每天工作，而且就在正統醫生於一九七八年十一月宣佈他會死掉後，還過了好幾年相當正常的生活。

　　從外表看起來，他比較像是一位運動員而非末期癌症病患。在過去幾個星期，藉由提高抗壞血酸的每日攝取劑量到 **130** 至 **150** 公克之間，他的體能大大提升！他**每隔一個小時**混合一份 **5** 至 **10** 公克的九成抗壞血酸納和一成的抗壞血酸溶解於水中服用【這樣的劑量在短時間內會穩定提高組織和血液中的抗壞血酸含量】。這些劑量耐受性良好，是腸道可容忍的範圍值，因此他沒有腹瀉，除了最近才有這個困擾，所以他才不得不將劑量從每日 150 公克降低到 130 公克。

　　我相信他的案例是一個經典與極佳的示範，如果給予足夠的抗壞血酸以抵消所有的相關壓力，那麼癌症是可以控制的，如果早期就給予足夠的量，那麼癌症或許就不再是一個大問題了。到目前為止，我們只是還不知道這個高劑量每日要控制在多少才足夠。

　　史東博士瞭解**高劑量維生素 C 要在很短的時間間隔中持續給予**，那些治療成功的案例都提及**高劑量**這個重點（註18）。他描述那位患者的醫生如何為他做血液抗壞血酸值測試，並且出現他從未見過的血液值數據——每分升（每一百毫升）血液含 35 毫克（35mg/dl）！所謂正常人的平均數值為每分升血液含 1 毫克（1mg/dl）或更少，**腎臟飽和濃度**（腎閾值）**則為每分升血液含 1.4 毫克**（1.4mg/dl）。史東博士說，「我樂於見到癌末患者迫切執行抗壞血酸計劃，運用範圍內的劑量讓癌症得以控制。由於這些是正統醫學早已放棄的『末期患者』，所以除了減少痛苦之外，他們也沒什麼好損失的。」

　　史東博士提及的腎閾值（1.4mg/dl）相當於國家衛生研究院證實的血液值數據 80 μ M/L 左右（註19），這是人體血液中預防急性壞血病的最低抗壞血酸標準值（註20），而每分升血液含 35 毫克相當於它的二十五倍之多（1,980 μ M/L），遠遠大於一般報告中人體健康所需的最大值。史東醫生首次發表**癌症患者的抗壞血酸口服劑量每日應在 80 至 150 公克**後一鳴驚人，他透過口服劑量產生血液中高抗壞血酸值的研究結果讓人震驚。

　　一九八四年五月，史東博士到洛杉磯預定參加一個細胞分子矯正醫學會和細胞分子矯正精神病學學術研討會，並且接受鮑林博士頒獎以表揚他的成就。不幸的是，他在研討會前一晚過世，很可能是因為心臟病發作。在他非凡成就的七十七年裡，歐文・史東博士以艾伯特・聖喬爾吉博士的研究為依據，建構了細胞分子矯正醫學的理論和實踐基礎。如同往常一樣，這類的先鋒經常被忽略，而史東博士卻在他即將獲得應得的褒揚前幾小時過世。

佛德瑞克・克蘭納醫師

　　佛德瑞克・克蘭納（Frederick R. Klenner,1907-1984）醫師生於賓州，在聖文森和聖法蘭西斯學院攻讀生物學大學和碩士學位，並且在一九三六年杜克大學取得醫學博士學位。在醫院實習三年後，他個人在北卡羅萊納州的里茲維開業，並且在那裡渡過餘生。

　　一九四六年，克蘭納醫師為富爾茲家的四胞胎接生，這是南方各州首次有四胞胎存活下來。在助孕藥物問世前，這種多胞胎的情況很罕見，連環球影業都派一組攝影小組去採訪。他們在安妮・賓醫院出生，該醫院少有現代化器材，且缺乏照顧多胞胎的設備。克蘭納醫師將孩子們用棉花紗毯子包起來，把他們放在同一個保溫箱中共享體溫。值得注意的是，**他們是在一個維生素 C 高攝取量的飲食習慣中**

誕生，這或許助長了他們的存活率。他們的母親安妮瑪麗是一位聾啞人士，來自沒有自來水的租地農場，而且之前已經生過六個孩子。

繼早期醫學科學家的傳統，克蘭納博士經常以自己做高劑量維生素 C 的試驗。他的專長是胸腔疾病，因此他對維生素 C 在病毒方面的作用相當感興趣。一九四八年，他首次發表維生素 C 與治療病毒疾病的論文，一年之後，他提交一篇論文給美國醫學協會，詳細說明**運用抗壞血酸鈉靜脈注射液和口服補充劑成功治癒六十位小兒麻痺症患者的案例**。

克蘭納博士的抗壞血酸劑量高達每日 **300 公克**（將近半磅），他發表一系列文章涵蓋維生素 C 治療三十多種疾病的方法。根據克蘭納博士的看法，維生素 C 的效益非常全面與顯著，不管何種疾病，醫生的第一個反應都應該先給予維生素 C。克蘭納醫師這四十年來使用維生素 C 治療許多重大疾病，包括**肺炎、皰疹、傳染性單核細胞增多症（mononucleosis）、肝炎、多發性硬化症（MS）**、兒童疾病、**發燒及腦炎**。患者和主流醫生通常都很驚訝，當他們知道克蘭納醫師使用的每日劑量是以體重計算——每日**每 1 公斤攝取 1,000 毫克**的維生素 C。

想像一下，如果醫生們早在一九五〇年代就聽從他的建議，那麼不知有多少人可以免於受苦。話雖如此，克蘭納博士卻也激發了萊納斯 ‧ 鮑林和歐文 ‧ 史東更深入研究維生素 C 的廣泛效益。

克蘭納醫師的傳奇

克蘭納博士從一九四〇年代開始的醫學論文，對我們關於維生素 C 作為藥物的理解有很大貢獻（註21）。即使是現在，高劑量維生素

C 在抗生素和抗病毒的成效仍然普遍不被醫療專業人員看好和重視。大多數我們在這方面的知識是源自於克蘭納博士，而他的人生精彩度更甚於好萊塢劇情片。克蘭納博士的研究令人震撼，我們從湯姆・利維（Tom Levy）博士在其著作《維生素 C、傳染性疾病和毒素：治癒不治之症》（Vitamin C, infectious Disease, and Toxins: curing the Incurable）中提及的反應就可以略知一二：

　　當我第一次看到克蘭納醫師的小兒麻痺症研究時十分震驚，甚至對我所讀到的內容感到有點不知所措。當我知道治癒小兒麻痺症竟是這麼容易，然而卻有那麼多的嬰兒、小孩和一些大人仍然因這種病毒死去或永久殘廢，這真是讓人難以接受。更不可思議的是，一九四九年六月十日，克蘭納博士在紐澤西大西洋城的美國醫學協會年度會議上簡要的提出他在研究小兒麻痺症方面的結論：「你們或許有興趣想知道，在一九四八年流行病期間，北卡羅萊納州里茲維是如何治癒小兒麻痺症。過去七年裡，病毒感染案例在七十二小時內，經過頻繁注射高劑量抗壞血酸或維生素 C 治療後皆已痊癒。我相信，二十四小時內給予小兒麻痺症患者高劑量的維生素 C—6,000 毫克至 20,000 毫克後，就不會有人因此殘廢，而且不會再有進一步的殘疾或小兒麻痺症疫情了」（註22）。

　　克蘭納博士講述一個醫治方法，用來治療當時可以說是工業化世界父母最害怕的傳染疾病。奇怪的是，那些參與會議的醫生們並沒有對此回應。雖然醫學界忽略他，但他的研究確實受到一些當地媒體的注意。《格林斯伯勒每日新聞》記者佛蘿蒂納・米勒（Flontina Miller）寫道：

克蘭納博士回想他對一位垂死但拒絕住院治療的重度病毒型肺炎患者使用〔抗壞血酸〕。「我到他家中，為他注射 5 公克的維生素 C」，他回憶說道，「就在我當天稍後再去他家時，他的體溫降了三度，並且坐在床邊吃東西。我又再為他注射 5 公克的維生素 C，並且連續三天使用同樣的劑量，一天四次，不久他完全康復。我的反應是，我的天啊！這東西還真管用！」（註 23）。

類似維生素 C 對急性感染的療效也有多次研究發表。例如，澳洲阿爾奇 · 卡羅卡瑞諾斯（Archie Kalokerinos）後來進行一些複製克蘭納博士研究結果的獨立觀察試驗（註 24）。

「在這三十多年裡，我們在**一萬多人**身上使用高劑量維生素 C」，克蘭納博士說道，「**我們並未看到任何不良的影響，而唯一我們看到的影響就是它對病情的助益**」，克蘭納博士珍貴富有價值的研究報告就是他留下來的遺贈。萊納斯 · 鮑林博士指出，克蘭納博士的早期報告「提出許多如何使用高劑量維生素 C 來預防和治療多種疾病的相關資訊，這些研究至今仍然非常重要」（註 25）。克蘭納博士是第一個大膽聲明「**抗壞血酸是醫生可利用最安全和最有價值的物質**」的醫師，而且「當醫師在評估診斷病情時，不管病理症狀為何，應給予患者高劑量維生素 C」。

不過，隨著一九八四年克蘭納博士因心臟病過世後，媒體顯然對克蘭納家族的震撼醜聞更感興趣。一九八五年，小佛瑞德 · 克蘭納（Fred Klenner, Jr），人稱佛瑞茲，捲入一件至少五人死亡的謀殺案，隨後以自殺結束生命。這個悲劇是一九八八年一本暢銷書的題材（書中提及克蘭納醫師至少五十次以上），而且還是一九九四年電視影集的主題。從中我們不難發現，新聞媒體對兒子罪行的報導竟遠遠超過報導父親的行醫事蹟。

克蘭納醫師的研究啟發了日後的細胞分子矯正學醫師，例如羅伯特・卡斯卡特博士，他延續使用大量維生素C劑量來治療數以千計的患者，儘管因醜聞事件蒙上陰影或頑強的醫療界無視於他的存在，高劑量抗壞血酸治療法仍然屹立不搖。「**我將克蘭納醫師的方法應用在數百名患者身上**」，蘭登・史密斯（Lendon Smith）醫生說道，「**結果他是對的**」。

蘭登・史密斯

如果克蘭納博士是最富有革新精神的醫師之一，那麼蘭登・史密斯（Lendon H. Smith 1921-2001）博士則算是其中最勇敢的醫師了。史密斯博士是最早大力支持以高劑量維生素C來治療兒童的醫師之一，然而，他這個立場並未受到美國小兒科學會其他成員的青睞，所以史密斯醫師以細胞分子矯正醫學療法，透過時事專欄（The Facts）和許多暢銷著作、文章、影片和電視露面（他上過今夜秀節目六十二次，甚至得過一次艾美獎）直接傳達給大眾。

他是全國家喻戶曉的「兒童醫師」，一九四六年他取得奧勒岡大學醫學院的醫學博士學位，並且在一九四七年至一九四九年服務於美國海軍醫療部隊，隨後在聖路易絲兒童醫院和波特蘭的德爾貝克紀念醫院完成小兒科住院醫師實習。一九五五年，史密斯醫師成為奧勒岡州大學醫學院小兒科臨床教授，他的執業生涯長達三十五年，直到一九八七年退休後從事演講、寫作和繼續推廣細胞分子矯正(高劑量

維生素療法)。

史密斯醫師在執業二十多年後才開始使用高劑量維生素療法。一位患者「要求我為她注射維生素」，他書中提到在一九七三年一位酗酒而酒精中毒的婦女，「在我的執業生涯中，我從未做過如此無效的治療，而且讓我尷尬的是，她竟然以為我是那種會做那些事情的醫生」（註26）。「那些事情」是指綜合維生素 B 肌肉注射，然而結果證明很有效，「她路過三間酒吧都沒有進去」，從此之後，他就從一位正統的小兒科醫生轉為細胞分子矯正醫學的發言人。

他 的 第 一 本 書《兒童醫生》（The Children's Doctor）在一九六九年出版，該本書只提到三種維生素，其中兩種還是持負面的看法。然而，當他學習營養預防和高劑量療法後，他開始在書中討論。一九七九年，《給孩子正確的食物》（Feed Your Kids Right）一書中，**史密斯醫師建議生病期間維生素 C 的攝取量為 10,000 毫克以上。**一九八一年，《有益孩子健康的食物》（Foods for Healthy Kids）一書中，他建議維生素 C 攝取量應為腸道耐受值（口服維生素 C 最大耐受值）。不過，即使是他那些相對較溫和的主張，例如「**少吃糖**」和「**壓力會增加維生素 B 和 C、鈣、鎂和鋅的需求量**」，正統醫師們也不當一回事。此外，為避免爭議，他並未將長達三個星期，每星期二次由患者自我管理的綜合維生素 B 和維生素 C 注射療法納入建議中。

一九七九年，史密斯醫師是紐約時報暢銷書作家，一九八三年，他提倡為小孩進行為期四天的清水斷食，**注射 1,000 毫克 B12 和高劑量維生素療法。**他的書中沒有維生素建議攝取量，他對垃圾食品的批評毫不保留：他的兩句代表名言，「**人們傾向於吃那些可能會讓他們**

過敏的食物」和「**如果你喜歡某種東西，有很大的可能性是它對你的身體並不好**」。

史密斯醫師後來對接種疫苗抱持保留的態度：「**我能給父母最好的建議就是不要接種疫苗，但請確保你照顧的孩子們有健全的免疫系統**」。他的替代建議是給孩子們增強免疫力的飲食：「**這需要不含加工食品的無糖飲食，以及每天攝取 1,000 毫克的維生素 C，五歲以上則攝取 5,000 毫克，終其一生**」（註27）。他清楚明白糖攝取量與維生素 C 的關聯，史密斯醫師表示，「**如果我們繼續吃商店買來的食物，將來我們就會有商店買來的牙齒**」（註28）。

這些過程對一位小兒科醫生是很不容易的，他在三十二年前寫過高劑量維生素 C 很多餘，且無法預防感冒。假設他繼續抱持這種不正確，但立場安全的見解，他或許可以保有平靜的小兒科醫師生涯。由於他大力倡導細胞分子矯正醫學，於是，在保險公司和他那一州醫學考試委員會的壓力下，在一九八七年他終於被迫停止執業。儘管如此，他仍然繼續倡導高劑量維生素療法。

在勇敢醫生們如史密斯博士的推廣下，細胞分子矯正醫學日漸普及，使得營養素療法的效益得以擴及到有病童的家庭。史密斯醫師的知名度意想不到地教育和鼓勵了家長使用維生素來預防和治療疾病。也因為如此，蘭登 · 史密斯與克蘭納醫師兩人同時並列為營養醫學不折不扣的先鋒之一。

克勞斯 · 華盛頓 · 瓊格布拉特

在一九五○到一九六○年代，兒童會接種疫苗以預防小兒麻痺症，由於許多孩子害怕打針，所以後來就以一顆糖的形式取代。日後，他們認識了這位恩人的名字，亞伯特・沙賓（Albert Sabin）醫師，他因拯救人類免於終身癱瘓的風險而出名。**諷刺的是，當小兒麻痺症發病率降低時，這種活性疫苗反而是導致病發的主要原因**（註29）。對沙賓疫苗抨擊最強烈的是另一位對抗小兒麻痺症的英雄約拿斯・沙克（Jonas Salk）醫師，他在更早期時發明了「非活性」的小兒麻痺症疫苗。一九七六年九月，《華盛頓郵報》報導，根據沙克博士的說法，從一九六一年以來，活性沙賓口服疫苗是美國境內所有小兒麻痺症病例「若非唯一也是主要的發病原因」（註30）。一九九六年，在沙克醫師過世後一年，美國疾病控制中心（CDC）開始避用活性口服疫苗，並且建議嬰兒前兩期的小兒麻痺症疫苗接種使用非活性注射疫苗。二〇〇〇年，美國疾病控制中心指出，「為了根除小兒麻痺症疫苗的相關風險，我們建議美國兒童小兒麻痺症**例行接種**全面改為**注射型疫苗**」（註31）。主流醫學終於正視沙克醫師的警告，不過卻是在二十年之後。

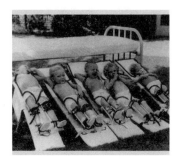

　　許多人都知道沙克和沙賓醫師。相較之下，公眾和主流醫學對克勞斯・華盛頓・瓊格布拉特（Claus Washington Jungeblut, 1898-1976）醫師的研究並未重視。瓊格布拉特醫師在一九二一年伯恩大學取得醫學博士學位，隨後在伯恩的羅伯特・科赫研究所進行研究。一九二三年到一九二七年間，他在紐約州立衛生署擔任細菌學家，並且在史丹佛大學任教，隨後加入於哥倫比亞大學內科和外科醫師教師組織。瓊格布拉特醫師在一九六二年退休，一九七六年過世，享年

七十八歲。這七十多個年頭，他影響了每位營養藥學醫師的療程方向，並且贏得那些經由抗壞血酸治療救回一命患者的感謝。

在他那個年代，瓊格布拉特醫師被認為是小兒麻痺症研究中一位重要的人物。然而，最近修改的小兒麻痺症對抗史普遍低估他的貢獻，而且對他最重要的發現——維生素 C 或許可以預防和治療小兒麻痺症——避而不談。神奇的是，瓊格布拉特醫師就在維生素 C 被確認並且分離出來不久後，首次在一九三五年發表這個想法（註32）。他對維生素 C 的研究非常透徹且範圍很廣，遠遠超過小兒麻痺症這個主題。一九三七年，他指出維生素 C 可以解除 (inactivated) 白喉和破傷風菌的毒性（註33），瓊格布拉特醫師的研究顯示，維生素 C 可以**解毒**，保護身體免於受到**病毒**和**細菌**病原體，包括**小兒麻痺、肝炎、皰疹**和**葡萄球菌** (staphylococcus) 的攻擊（註34）。一九三九年九月，一篇《時代》雜誌文章描述瓊格布拉特博士如何推斷低維生素 C 濃度與小兒麻痺症有關，該雜誌當時正在統計澳洲最新的小兒麻痺症疫情（註35）。最受歡迎和專業的媒體幾乎很少報導瓊格布拉特醫師的研究，即使是紀念他或他的研究也都刻意不曾提及維生素 C。

以維生素 C 治療小兒麻痺症的療法究竟去了哪裡呢？

瓊格布拉特博士發表他的實驗表示，維生素 C 對患有小兒麻痺症的猴子有很大的助益。當時沙賓醫師對生產疫苗很有興趣，但並未跟進瓊格布拉特醫師的研究。不過，沙賓醫師積極用高劑量病毒和低劑量且使用次數更少的維生素 C 試驗來防止維生素 C 出現正面的效果（註36）。幾十年過後，我們從研究基礎中瞭解到如何使用少量和不頻繁的劑量以得到負面的結果。這種劑量不足的研究過程至今仍然

存在，導致人們對維生素 C 在治療普通感冒上存有效果不彰的印象，
更別提還能治療小兒麻痺症（註 37）。

瓊格布拉特博士證明這個抗壞血酸可以消滅小兒麻痺症病毒。不
久之後，科學家發現其他病毒也會被消滅，包括**牛痘、口蹄疫、狂犬
病、噬菌體** (bacteriophage) 和**菸草鑲嵌病毒** (tabacco mosaic virus)。在
足夠高劑量下，維生素 C 似乎是一種**全效的抗病毒劑**。每當討論以
維生素 C 來治療和預防小兒麻痺症時，你往往可以聽到「*如果維生
素 C 療效那麼神奇，所有的醫生早就用它了*」這類的話。然而，正
統醫學研究的維生素 C 使用劑量都太少且不頻繁，因此很難見效（註
38）。沙賓醫師主導的拙劣實驗說服專家們相信維生素 C 沒有效，進
而讓小兒麻痺症疫苗暢行無阻（註 39），並且有效地阻止瓊格布拉特
醫師的研究（註 40）。**我們就這樣白白浪費了六十年時間，忽略了維
生素 C 的抗病毒效果。**

威廉 • 麥考米克

查爾斯 • 達爾文（Charles Darwin）接受進化論所花的時間可要
比醫生們認同使用維生素 C 療法所花的時間來得快多了。**膠原蛋白**
生成和強健**結締組織**都需要維生素 C，維生素 C 可以迅速提高膠原蛋
白合成（註 41）。五十年前，多倫多醫師威廉 • 麥考米克（William J.
McCormick,1880-1968）首次提出維生素 C 不足會造成多種疾病，從
妊娠紋到心血管疾病到癌症等等。

妊娠紋

　　麥考米克醫生主張**妊娠紋是維生素 C 缺乏**，進而影響體內膠原蛋白生成所造成的症狀。膠原蛋白是由細長如纖維的蛋白分子組成，將組織成分連結在一起。我們可以將結締組織視為生物纖維複合材質，其作用如同玻璃纖維或碳纖維材質。在玻璃纖維中，彈性矩陣結構透過傳輸張力至玻璃纖維得到力量，同樣的，組織會將壓力轉移至膠原蛋白纖維，而體內的組織是結構細胞，是由結締組織矩陣結構所支撐。由於細胞本身相對比較微小，只有很小的力量，而結締組織像膠水一樣將你的細胞綁在一起，就像水泥將磚塊黏在一起。如果膠原蛋白充足且強大，身體的細胞就會緊密連在一起。妊娠紋，一個相對較小的化妝品界困擾，幫助了麥考米克醫生理念的發展。早在一九四八年他就提出這些難看的病變是可以預防的（註42）。在懷孕期間，皮膚張力可以大到原本的好幾倍長度，如果腹部和大腿的皮膚彈力夠且自我修復能力強，那麼妊娠紋也許就能減輕或者完全避免。

癌症

　　這是一個廣泛，但又合乎邏輯的進一步見解，**如果細胞黏成一個強韌堅固的纖維矩陣，腫瘤或許就難以穿過它們而擴散**。麥考米克博士似乎是第一位將壞血病與癌症誘因聯想在一起的人（註43）。他的看法是強韌的結締組織會支撐纖維矩陣，因而阻止腫瘤擴散。此外，癌細胞可能會被纖維矩陣綁住或牽制，因此無法擴散。從這個觀點來看，麥考米克博士是最早指出**癌症患者體內的維生素 C 濃度通常都很低的學者**。

　　麥考米克博士觀察到維生素 C 缺乏的壞血病，其症狀類似白血病和其他種類的癌症。今日，雖然壞血病大致上已被認為幾乎絕跡，不過**癌症卻非常普遍**。如果癌症和壞血病的症狀很類似，那麼它們是否很可能是不同名但卻是同一種疾病呢（註 44）？十八世紀詹姆士・林德在他著名的壞血病實驗中留意到，這個疾病的症狀很類似瘟疫。麥考米克博士認為該疾病也與惡性癌症有相似之處。例如，**腫瘤周圍的膠原蛋白矩陣崩壞，擾亂了細胞的緊密排列，因此助長癌細胞擴散**（註 45）。他還留意到一九〇五年出版的《納格爾實用醫學百科全書》（Nothnagel's Encyclopedia of Practical Medicine）其中一篇不起眼但有趣的參考，其中形容急性淋巴細胞性白血病和壞血病的相似之處：**「該疾病最明顯的臨床症狀是出血和其後遺症，而每一次的觸碰都會造成出血，這個症狀和壞血病完全一樣」**（註 46）。

　　麥考米克博士推斷，有效對抗癌症的作法可能要針對預防這些細胞遭受破壞，以免癌細胞擴散到體內。他建議使用維生素 C，因為細胞受到破壞是因為結締組織和其他部分的組織結構鬆散，所以抗壞血酸非常的重要。這個單純的假設成為日後萊納斯・鮑林和伊凡・卡門諾（Ewan Cameron）博士治療方法的基礎，一九七九年，他們在《癌症與維生素 C》（Cancer and Vitamin C）一書中詳細說明運用大量維生素 C 來對抗癌症的方法。總之，**如果癌細胞試著要轉移或擴散，大量的維生素 C 或許可以強化膠原蛋白和結締組織，以防止它們擴散**。雖然這個結果說明這些機制主要不是因為維生素 C 的抗癌作用，不過麥考米克博士的假設引發一些令人振奮的實驗（註 47），目前人們對於維生素 C 作為一種抗癌劑感到興趣就是源自這些想法。〈編審註：目前主流醫學對於惡性腫瘤診斷的標準做法「切片」(biopsy)，卻是以多孔穿刺腫瘤組織採樣為其手段,卻無意中對其上述所說的膠原蛋白周邊組織造成無法彌補的破壞,引起腫瘤新生血管 (angiogenesis) 而使之進入快速擴散成長期。〉

心血管疾病

壞血病的早期徵兆之一是**牙齦出血**,因為維持組織強韌和對抗疾病需要維生素 C。麥考米克博士提出全身的**動脈**也會有類似的狀況產生:缺乏維生素 C 的動脈壁可能會造成內部出血。〈編審註:鮑林博士曾言:牙周病是口腔型的壞血病,動脈粥狀硬化是血管型的壞血病。〉他檢視因營養因素造成的心臟疾病案例指出,醫院中有五分之四的冠狀心臟病個案顯示維生素 C 缺乏。麥考米克醫師指出,心臟病是壞血病的一種形式(註48),而這種冠狀心臟病與牙齦發炎症狀的關聯性仍是目前熱門的研究領域(註49)。

麥考米克醫師並不是唯一提出維生素 C 與心臟病有關的人。早期在一九四一年,其他研究人員發現冠狀**動脈血栓患者的維生素 C 值很低**(註50)。另一項研究指出,普通病房中大約有一半以上的病人也是在低維生素 C 值的狀態。**動脈斑塊**是心臟病發作的最終原因,已知這與微血管出血有關,因此建議心臟病患者應攝取足夠的維生素 C,當然「足夠的維生素 C」的定義至今一直是營養學爭議的重點,不過就算只攝取適量的維生素 C 就可以預防疾病與救命——報告指出每日只要 **5 公克**就可以降低各種疾病的死亡率,包括心臟病(註51)。

其他益處

麥考米克博士提出,**維生素 C 缺乏是導致許多傳染病的主要原**

因，而補充足量的維生素 C 則是有效治療這些疾病的方法。為了證明他的論點，他列舉從一八四〇年以來的死亡率，指出**肺結核、白喉、猩紅熱、百日咳、風濕熱和傷寒**主要都是因為膳食**維生素 C 不足**（註52）。主張這些史上疾病可能與維生素 C 攝取量不足有關，就今日來說可算是一個很特異的想法，就如同在六十多年前一樣。儘管如此，目前大多數傳染疾病死亡率下降的原因，一般都歸功於衛生設施、衛生習慣和未特定說明的營養素提升。

麥考米克博士認為維生素 C 是營養素治療的關鍵。他指出維生素 C 可同時作為體內抗氧化劑與偶爾的氧化劑（註53）。維生素 C 的抗氧化作用提供一個強效的化療機能，特別是**每隔一個小時攝取數公克的劑量**。麥考米克博士指出，這個效果更加明顯，如果抗壞血酸是以注射的方式攝取，這一點就非常接近我們目前對抗壞血酸的看法，而他更進一步表示，維生素 C 的作用也類似抗生素。此外，**維生素 C 有助於預防中毒或過敏反應**，這與**抗生素或抗組織胺**就有雷同之處。如果高劑量維生素 C 已控制傳染病的急性症狀，之後就可以降低至保養的劑量。麥考米克博士以滅火做為比喻：**在早期階段，小型滅火器或許就可以將火撲滅，不過，如果火勢猛烈，那就可能需要大型消防水管滅火了。**

自從一九七〇年代萊納斯・鮑林開始宣傳高劑量維生素 C 的價值以來，維生素 C 會導致**腎結石**的醫學傳言就一直存在。這份指控是捏造的（註54）。每個人都聽過獨角獸，也可以詳細描述，然而獨角獸是虛構的，沒有實體和證據存在，就好像維生素 C 腎結石一樣。這些作者往往忽視麥考米克博士早在一九四六年就用維生素 C 來預防與治療腎結石的事實（註55），他觀察到**混濁的尿液與低維生素 C**

攝取量有關。當這類的受試者給予大量克級維生素 C 後，他們的尿液就變得清澈了。

在尚未證實吸煙和肺癌與心臟病的關聯之前，吸煙通常被視為是一種良性的消遣。相反的，麥考米克醫生估計，**吸一根煙會耗損體內 25 毫克以上的維生素 C**，大約是一顆品質好的有機柳橙維生素 C 含量（註 56）。這項聲明在一九五四年可是非同小可，因為當時一些**醫生們都為他們喜愛的香煙在雜誌和電視廣告上背書**。麥考米克博士主

張，煙癮很大的老煙槍不可能光靠飲食維持健康所需的維生素 C 含量。事實上，如果這個數據是正確的，那麼每天一包煙而維生素 C 攝取量又低於 500 毫克的成年人，很快地就會病倒於壞血病或其他維生素 C 不足的相關重大疾病（如同台灣香菸盒上恐怖的圖片所示）。這個數據和其他類似吸煙者維生素 C 流失的數值已成為我們流行文化的一部份，雖然研究它們的作者早已被人們遺忘。

無論麥考米克醫師的臨床經驗發現什麼症狀，他都以維生素 C 缺乏療法來治療疾病。他用克級劑量的維生素 C 對抗那些經常被視為非維生素 C 缺乏的相關疾病。這個早期療法奠定了今日以一天 100 公克來對抗癌症和病毒疾病的基礎，然而，關於這個具有如此潛力的想法卻發展得異常緩慢，如果當初沒有麥考米克博士發表的研究，那麼到現在這些維生素 C 救人的方法，很有可能仍是沒沒無聞。

萊納斯 ‧ 鮑林

Dr. Linus Pauling
萊納斯‧鮑林 博士

萊納斯‧鮑林（1901-1994）博士算是最有資格可以批評醫療體系維生素 C 缺乏的人，當然也是最著名的人了。即使是鮑林博士也曾經引起醫界無情與極端的批評，對他的形容從「天才」變成「江湖術士」。他的兩座一人獨得的諾貝爾獎的光環仍然（他是歷史上唯一獲得這份殊榮的人）未讓他免於受到醫療團體反對者的抨擊，他們譴責他用維生素療法。當年鮑林博士的想法頗具爭議性，原因是他勇於直接公開發表，他那些有遠見的科學文獻主張高劑量維生素可以治療疾病。他還重新評估許多「維生素無效」的研究，為其翻案，重昭公信，解釋這些研究數據如何被曲解或者存有偏見，而藉此證明維生素療法確實沒有數據上的顯著價值。

鮑林博士的貢獻對維生素 C 的發展非常重要。一開始，他的出發點是聲明維生素 C 可以預防與治療普通感冒，之後，他開始主張維生素有助於所有感染性疾病：高劑量維生素 C 可以視為一種**抗生素**，而且其對**病毒和細菌**一樣有效，同時還可以增**強免疫系統**。後來他更聲稱維生素 C 有助於治療所有的疾病。他解釋，**心臟病和中風**的起因**動脈粥狀硬化，主要是因為維生素 C 缺乏所引起的**。最後，鮑林博士指出，如果攝取足量的維生素 C，癌症患者可以活得更久，或者甚至可能可以治癒。

由於這些主張遠遠超出大多數醫師日常的經驗，這也難怪醫學界認為鮑林博士已經走火入魔。然而，這些想法並非從他開始才有的，一些獨立的科學家和醫師早已見證維生素 C 卓越的療效。鮑林博士的貢獻是以進化的角度來解釋這些觀點，並且以他的科學名聲擔保維生素 C 的效益。〈編審註：鮑林博士享年高齡 93 歲，而當年火力猛烈抨擊他的醫師們平均年齡只有 56 歲 (根據 JAMA 期刊於 80 年代的統計數據)。〉

維生素 C 高劑量實例

鮑林醫師研究動物如何使用維生素 C。他發現，體內可以合成維生素 C 的動物相對合成量很大，例如，每天每一公斤的老鼠就可以自行製造 **70** 毫克，如果老鼠受到壓力，體內合成抗壞血酸的量會增加至每日每公斤 **215** 毫克左右（註 57）。然而，這些量不足以維持生病動物體內的維生素 C 值，因為血液濃度下降，尿液排泄量增加十倍（註 58）。人體一劑維生素 C 注射液──大約相當於 **5 公克**（5,000 毫克）──就可以補足血漿抗壞血酸的濃度，讓血壓和微血管收縮回復正常，同時可抑制細菌生長。其他動物當遇到壓力時，維生素 C 製造量也會增加（註 59），一個可能性的解釋是，生病的動物其維生素 C 合成量和排泄量都會增加。若以一隻老鼠每日抗壞血酸的製造比例換算為成人 154 磅（70 公斤）則是大約 5 公克至 15 公克的靜脈注射劑。類似的製造率也存在於山羊和其他的動物，家中飼養的貓和狗則較少（相當人類的 2.5 公克）。相較之下，美國每日建議量則低於 1 公克，少於動物量的**五十至一百五十倍**。此外，口服的維生素 C 僅有部份會被身體所吸收。

直接比較動物和人類所需的數值或許會產生誤差，因為人類可能已進化至需要較少的數值。鮑林博士運用進化理論，估算一百一十種未加工的植物食品，若以提供 2,500 卡路里計算，其內含的維生素 C

量至少是每日建議攝取量的三十五倍之多。然而，我們很少有早期人類或其他哺乳動物的飲食詳細資料，雖然，四千萬年前的植物和我們今日的植物維生素 C 含量幾乎差不多，不過我們沒有直接的數據。我們的祖先很可能多數是素食者，雖然我們無法完全確定這一點。

那些無法自行合成維生素 C 的動物，很可能採取素食飲食，以提供維生素高攝取量。然而，我們無法肯定這些動物皆是如此，因為我們沒有這些動物的完整清單。我們知道的是，靈長類動物，除了人類以外，主要是從它們的素食飲食中攝取大量的維生素 C。動物或實驗室中的猴子每天可能需要相當於 1 公克的維生素 C，這遠比我們的每日建議攝取量還要高，而野生大猩猩每日吃大約內含 4.5 公克的維生素 C 蔬果。儘管這些資料有所保留，不過，鮑林博士以近似巨猿的飲食習慣推算出人類早期維生素 C 的攝取量大約在每日 2.3 至 9.5 公克（註60）。他指出，除非可以證明我們的生化機制和與我們近親動物完全不同，不然人類就應該每日補充克量級的維生素 C。

聽完歐文・史東醫師的見解後，鮑林博士相信高維生素 C 治療的案例。根據史東博士的論點，人們需要大量的維生素 C 以對抗感染和壓力。史東和鮑林博士認為，飲食需要抗壞血酸也就是維生素 C，因為這是基因突變的一種，可算是一種**先天性新陳代謝缺陷**。〈編審註：在此史東所指的「先天性」與否則有待探討，由於代謝模式得以被飲食習慣刻意改變，因此「先天性」應可進一步說是「先天性葡萄糖新陳代謝缺陷」參考 37 頁編審註。〉

維生素 C 先生

少數營養學家並不認為抗壞血酸就是維生素 C，而是以一種「維生素 C 複合物」名稱代替，但此說法目前並沒有證據證明，因為單獨使用 L- 抗壞血酸就可以預防與治療壞血病。以最簡單合理的形式來說明結果是科學方法的核心之一，十四世紀奧卡姆威廉提出適用於哲學與科學的「奧卡姆剃刀理論」：簡單地說，它指出一切都是平等的，最簡單的解釋就是首選。他們認為維生素 C 是一些缺乏科學性不明確的天然物質混合物，雖然它對相關的商業組織可能還是有利可圖。

人們攝取每日建議的低維生素 C 被認為是不夠的，而宣稱我們只需要少量的當局應該提供確實的資料以證明低劑量是理想的。除非有這些資料證明，不然，**官方對維生素 C 攝取量的建議很可能導致數以百萬的人受到非必要疾病的困擾**（註61）。這些正規營養建議的核心本身就存在一種偏見，基於原本對維生素的假設，認為只需要微量就可以維持身體健康。這個定義已深入現代醫學界，並且被認定為事實。人們忘記的是，只需要少量維生素這個想法是一個相對值，是以我們所需的維生素量，比較我們所需來自食物的脂肪、蛋白質和碳水化合物的比例計算。不過，我們現在身處於一個不利的處境，因為這個想法已成為醫學的教條。

數十年來，人們認定（沒有任何證據證明）急性壞血病是唯一的維生素 C 缺乏症。長期維生素 C 不足會導致慢性疾病，如**白內障、心臟病或關節炎**這個想法普遍被忽略，因為沒有「證據」證明這個觀點。鮑林博士以生物化學和進化數據的論點，主張要增加維生素 C 攝取量。他認為從飲食中攝取的維生素 C 量足夠預防急性壞血病，但長期下來仍然不足以預防疾病。

萊納斯‧鮑林將高劑量維生素療法公諸於世，並且給這個營養療法一個新名詞——細胞分子矯正醫學（orthomolecular medicine）。身為有史以來最偉大的科學家之一，鮑林博士在經過燦爛的 93 年歲月生涯後，他很高興自己被稱為「**維生素 C 先生**」。

數十年來，以上這些和其他科學家與醫師們為推廣高劑量維生素 C 治療疾病努力不懈，雖然他們仍然被正統醫學界邊緣化，但他們勇敢無懼繼續努力，讓更多大眾留意到維生素 C 的好處，同時間也免除許多不必要的痛苦。

第 3 章
抗氧化劑的需求

"The truth is, the science of Nature has been already too long made only a work of the brain and the fancy. It is now high time that it should return to the plainness and soundness of observations on material and obvious things."

「事實是,科學的本質儼然已成為一種只靠大腦想像和天馬行空的研究。現在應該是回歸基本面的時候了,並且確實觀察具體與顯而易見的事物。」

——羅伯特‧胡克——(Robert Hooke),《微生物圖解》
(Micrographia)

　　科學指出在很久以前，生命尚未進化之前，地球大氣層中的含氧量很少。然而，隨著原始微生物和植物的進展，它們發展出一種運用**陽光能量**的能力，從**水和二氧化碳**中製造它們自己的食物（**葡萄糖**），而氧氣則是它們的副產品。這種過程稱為**光合作用**，它直接或間接地為地球上大多數的生命供給能量。幾百萬年以來，大氣中的氧氣濃度變得越來越高，好讓我們這些有機生物體的演化可以利用**氧氣**作為**燃料**，創造生命所需的能量。

　　所有的生命都是基於**碳、氫、氮和氧**原子鏈，透過共享電子結合而形成分子〈編審註：維持人類生命的三大巨量營養素中：葡萄糖 $C_6H_8O_6$、脂肪 CH 分子結構、蛋白質 CHNO 分子結構，在分子結構組成上皆源於碳 (C)、氫 (H)、氮 (N)、氧 (O) 四個原子鏈。〉。不幸的是，氧傾向於片面的共享，氧的強力電子會透過竊取有機分子的一些電子使之產生變化，這種過程稱為**氧化**。在氧氣越來越多的大氣層中，有機分子會與氧結合，它們的結構也會因此受損（即自由基的破壞）。

　　燃燒就是我們熟悉的氧化過程中一個典型的例子。例如，我們燃燒煤取暖或發動汽車所用的天然氣，煤或天然氣就是一個被氧化的過程。這個過程不一定是如此戲劇化，例如烹調用油暴露在空氣中，慢慢地會與氧結合而變質。同樣的，蘋果切開後置於空氣中也會變成褐色，其本質上類似緩慢的燃燒。供給我們身體能量的過程也涉及氧化：我們慢慢代謝或「燃燒」來自食物的分子，產生化學能量。因此，我們體內的每一個細胞都需要不斷地被**供給氧氣**，以維持內部生化質能轉化的化學反應。**抗氧化劑**，例如維生素 **C** 則是預防身體受到氧化的一種物質。

氧化與自由基

細胞是生命最小的單位：它可以維持自身的成長和繁殖。大多數的有機體，如細菌是一種單細胞生物，能夠在不與他物合作之下成長茁壯。但若要創造更大的生物體，細胞則需要互相合作。單細胞生物沒有胳膊、腿或眼睛，因此與環境互動的範圍有限，大型多細胞動物具有視覺、運動組織和思想的優勢，這是細胞之間合作的結果。活的細胞需要氧氣燃燒食物以產生能量，但厭氧細菌不在此限，因為其在有氧環 中無法生存。不過，大多數細胞都已進化為具有抗氧化防禦系統，以提供基本屏障，預防因氧化過多的毒性效應。

氧有自相矛盾的屬性，它是生命必需品卻也可能是致命的毒藥。我們需要氧氣來進行食物代謝（細胞燃燒 (氧化) 葡萄糖產生能量 ATP），但它也可能會攻擊我們的身體組織（即自由基）。原因之一可能是我們的組織與我們所吃的食物相似，同樣是由相同的分子組成：我們身體和細胞的構造大部份為水、蛋白質和脂肪等有機分子，而我們食物中的肉類和蔬菜也都是由這些成分組成。

為了預防這種傷害，我們的細胞會釋放多種**抗氧化劑**。抗氧化劑是給予任何預防氧化機制或物質的一種名稱。我們的細胞用其能量中相當大的比例製造大量抗氧化劑，這說明了這些機制是多麼的重要。因此，一片蘋果暴露於空氣中會變成褐色，因為其抗氧化防禦系統不敵其暴露於外的氧氣，大多數的疾病和老化特徵都與氧化反應有關。

純氧可以殺死細胞和組織，但氧化的破壞過程不需要氧——許多其他分子都共享這個化學屬性，任何可以從其他分子**竊取**電子的物質都稱為**氧化劑**（oxidant），例如**紫外線**和 **X 光**會破壞有機分子的電子造成**氧化**,這種搶奪正常分子電子的輻射會產生自由基。

自由基是精力旺盛的分子,會導致**氧化**和**組織損傷**(包括發炎和潰瘍)。在我們瞭解何謂自由基之前,我們應先仔細探討原子和分子的結構。原子是一種被電子雲包圍,內含中子和質子的原子核。電子帶有負電荷,當它旋轉時會產生磁場。在分子中,大多數的電子都是處於成對穩定的狀態,彼此以相反的方向旋轉,所以它們的磁性可以相互抵消。

自由基是一種單個或多個不成對的活性分子(失去電子),具有高度的活性。這意味著有麻煩了,因為這些活躍的分子會抓住其他分子的電子。由於原子和分子在體內會不斷地振動和遊走,因此自由基可以直接**從細胞膜的脂質、必需蛋白質**或甚至 **DNA** 竊取電子。

此外,不受控制的自由基反應會造成組織受損,更糟的是,自由基會使細胞內產生**連鎖反應**,促使分子一個接著一個氧化。

氧氣,如你所料,是自由基。儘管它有兩個未配對的電子,但氧的獨特化學特性多少還算穩定。它有兩個同方向旋轉的電子,因而產生磁性。具有**磁性**的物質,例如**鐵**,都至少有一對不成對的電子。「**活性氧群**」(reactive oxygen species)這個名詞形容大量來自氧的自由基和活躍分子。有些活性氧並不是自由基,而是一種極度活躍的氧化劑。這些都會在組織內**產生自由基**,包括**過氧化氫**(H_2O_2 即雙氧水)、**次氯酸**(hypochlorous acid)、**臭氧**(Ozone, O_3)和**單線態氧**(Singlet oxygen)。此外,活性物種還可以從氮和氯中形成而來,例如家中常用的**漂白水**。

自由基類型

　　過氧化物（Superoxide）是一種活性氧，類似氧分子（O_2），但超分子是氧多一個電子（$\cdot O2^-$）的組合，然而它並不如其名一樣令人眼花繚亂，因為它不是非常活躍。雖然過氧化物與自由基反應迅速，但要與之產生反應的細胞有機分子需處於**酸性**的環境中。

　　人體內最豐富的物質是水，水分子由兩個氫和一個氧原子組合而成（H_2O），幾個重要的自由基都與這個簡單的分子有關。氫氧根離子（即氫氧自由基 hydroxyl radical, OH^-）是失去一個氫原子的水，點在化學式中表示（–）它有未配對的電子。氫氧自由基活性極高，特別具有破壞性（所有自由基中破壞性最強）：在它們快速擴散至細胞時，可以**瞬間**與任何相遇的分子產生反應，如果沒有高濃度的抗氧化劑，氫氧自由基可能引發**連鎖性**的破壞反應。

　　如果一個氫氧自由基從一個必需蛋白質或 DNA 分子竊取一個電子，它就會變為惰性或不活躍。但是，被它偷走電子的分子從那時起就有一個未成對的電子，因此它本身就成了自由基，這種結果稱為**自由基連鎖反應**。這種化學連鎖反應會一直持續進行，直到一個分子改變其基本結構無法發揮作用。或者，因抗氧化劑提供一個電子而終止，使自由基呈安全狀態，並且停止一連串的傷害。

　　多一個氧原子的水分子會形成**過氧化氫** (H_2O_2)，大家都知道**雙氧水**是一種用於頭髮漂白的氧化劑，不過，在高濃度之下，它可以成為火箭的燃料。這種潛在活性分子存在於我們細胞和組織中，幸運的是，它的濃度很低。雖然過氧化氫往往被認為是有害的，但近期研究指出它是**細胞控制訊號機制**一個重要的部份。高濃度過氧化氫的作用如同氧化劑，特別是涉及到**鐵或銅**，當與鐵起作用時會產生破壞性氫氧自由基和自由基傷害。**過氧化氫**與**鐵**的反應在一般化學上稱為「**芬頓反應**」（Fenton Reaction），是以化學家亨利・芬頓（Henry Fenton）之名命名，他在十九世紀末記述這種反應現象。〈編審註：有關維生素 C 如何在癌細胞內進行芬頓反應產生氫氧自由基（OH‾）而將癌細胞殺死的標靶性效應，請參考本書「癌症與維生素 C」章節。〉

抗氧化劑與還原

抗氧化劑可以預防氧化傷害，透過捐贈電子來取代那些因氧化而失去的電子。這個提供電子的過程是**氧化過程的逆轉**，稱為**還原**（redox）。

> 氧化：
> 失去電子
>
> 還原：
> 得到電子

抗氧化劑被稱為自由基清除劑，因為它們可以中和體內的自由基。抗氧化劑如**維生素 C** 可以捐出電子給自由基，進而阻止自由基竊取其他的電子（尤其是細胞及組織裡的正常分子的電子）。維生素 C 所捐出的電子可以讓落單的自由基形成穩定的一對電子。

在一片蘋果的例子中，我們可以運用抗氧化劑來預防蘋果**變褐**色。如果蘋果未經處理，空氣中的氧會氧化蘋果的表面組織，電子被搶奪後的蘋果幾乎立即變成褐色。塗抹**維生素 C** 溶液或檸檬汁在蘋果的切面上可以**減緩氧化**的過程，經過表面處理的蘋果可以保持新鮮，並且切面可以長時間維持**白色**。增加的維生素 C 所提供的抗氧化劑電子可以預防傷害和變色。抗氧化劑通常被添加到食品中，例如熟食肉類或麵包，以**延長保鮮期**和新鮮度。

　　蘋果實驗證明有些東西比單純保存食物更為有意義。它說明了活性組織如何被氧化與受損，更重要的是，抗氧化劑如何維持組織健康。未切開的蘋果有外皮的保護，因此不會受到空氣和氧化的傷害，其天然的抗氧化劑可以維持未暴露於外的組織健康。然而，當暴露在外時，其抗氧化劑有限，難以預防傷害，而切開的蘋果可以應用附加的抗氧化劑來避免氧化傷害。同樣地，我們的組織擁有足夠的抗氧化防禦系統，大約足以提供**八十多年的生命長度**，然而，這些防禦系統難以預防急性疾病或慢性疾病的破壞性氧化作用。

　　我們的組織處於一個**氧化還原控制平衡的狀態**，稱為「**氧化還原狀態**」（redox state）。細胞會不斷產生**抗氧化劑**和**抗氧化電子**，以避免氧化傷害。當供給能量的新陳代謝受到干擾時，這種氧化和抗氧化劑之間的平衡就會中斷，**心臟病**或血栓性中風就是因此而受損的例子。在這些狀況下，提供組織的動脈因血塊而阻塞，進而導致**組織缺氧**。由於細胞無法產生足夠的代謝能量，因此它們會挪用製造抗氧化劑電子的能量。如果動脈再次暢通（例如血塊溶解），氧會急送至組織內，細胞本身會**回復到氧化還原的狀態**，不過當下仍是處於一個抗氧化劑不足的狀態。其結果是在最初傷害倖存下來的心臟或大腦組織或許會死亡，而在供應豐富的**氧**後會觸發自由基大規模**爆發**，進而殺死或傷害細胞。這個過程為**血液再灌注損傷**（手術過程中常見），它可以透過提供適量的抗氧化劑來抑制（註2）。

身體首要的水溶性抗氧化劑——維生素 C

　　氧化和還原是生命必須的過程。〈編審註：人必須靠細胞氧化（燃

燒) 養分製造能量來運作 (代謝)，而代謝的過程也同時產生自由基，此時要靠抗氧化劑來「還原」自由基，變成「無害」甚至「有益」的物質。〉**氧濃度太高對組織有害**，會造成**自由基傷害**，而抗氧化劑則可以預防這種傷害。維生素 C 是我們日常飲食中最重要的水溶性抗氧化劑，它同時也是植物最主要的水溶性抗氧化劑，植物生長必要的條件（註3）。由於植物組織內含豐富的水溶性抗氧化劑，所以只要我們吃少量相關的蔬果就可以預防急性壞血病。它在植物和大多數動物中有很大的合成量，這點指出更高含量的維生素 C 或許對身體健康很重要。

維生素 C 不尋常的地方在於它有**兩個**抗氧化劑**電子**可以捐出以預防氧化。當抗壞血酸捐出一個電子，它就成為**抗壞血酸自由基**（ascorbyl radical），相對上較不活躍，短時間是無害的。失去活性讓維生素 C 得以**阻截危險的自由基**，透過捐出電子滿足它們的需要，進而預防傷害。如果抗壞血酸自由基再捐出其第二個電子，它就會形成**脫氫抗壞血酸**（dehydroascorbate）。脫氫抗壞血酸是一種氧化形式（oxidized），可以再還原成抗壞血酸維生素 C 分子。這個維生素 C 還原和修復的過程是在細胞內進行，但需要來自細胞新陳代謝的電子。細胞代謝過程有兩個主要目的：提供化學反應的能量和產生高能量抗氧化劑電子，以維持細胞氧化還原的狀態。高劑量**維生素 C 獨特之處在於它們可以提供細胞抗氧化劑電子，而不會影響到細胞必需能量的供應**〈編審註：即耗損 ATP〉。這點有利於健康的細胞，不過，維生素 C 針對受損和老化的細胞（ATP 產生較少）更具有**雙重效益**，不僅可以獲得抗氧化劑電子 (消除自由基)，同時間也可提升能量 (修復細胞)。

在疾病和健康的情況下

氧化和自由基會導致疾病。健康的組織具較高的維生素 C 和其氧化形式的脫氫抗壞血酸 (dehydroascorbate) 含量。在生病組織的氧化環境中，維生素 C 可以保護細胞在過程中免於受損，不會成為被氧化的脫氫抗壞血酸（註4）。氧化維生素 C 增加會在幾種狀況下發生，手術中受損的組織會促使**脫氫抗壞血酸提高**至相對於抗壞血酸的數值（註5）。**糖尿病**患者的氧化壓力會增加，而且**脫氫抗壞血酸數值會比常人高**（註6）。老鼠的高氧化數值就會使脫氫抗壞血酸的數值增加（註7），同樣的，發炎與患有關節炎的老鼠其脫氫抗壞血酸的數值會比較高。患有糖尿病老鼠的腎臟氧化維生素 C 會增加，但補充抗氧化劑可以抑制這種影響（註8）。其他自由基清除劑，例如穀胱甘肽（glutathion），存在於細胞中最多的抗氧化劑 (穀胱甘肽於細胞內的含量)，可作為細胞老化與受損的指標（註9）。氧化穀胱甘肽的比例是組織受損的程度，因此**維生素 C 和穀胱甘肽是共同合作**以維護組織的健康（註10）。〈編審註：穀胱甘肽又稱之為人體細胞內的「抗氧化之母」，普遍存在於健康的細胞內，是由肝臟製造出的抗氧化劑。它的組成由胺基酸中的半胱胺酸 (Cystine)、甘胺酸 (Glycine) 和麩胺酸 (Glueamic Acid) 三種胺基酸組成，但在製造過程需有大量維生素 C 的參與，由於口服穀胱甘肽補充品效果不佳 (被胃酸破壞而打回原先三種胺基酸的原形) 加上費用昂貴，所以，加強維生素 C 的補充，是加強人體自行製造穀胱甘肽的貢獻因子之一。〉

大多數動物的體內可以自行製造維生素 C，並且在生病時增加產量，使抗壞血酸達到相對於脫氫抗壞血酸的比例，這有助於生病的組織回復到健康、還原的狀態。然而，**人類已失去自行製造維生素 C**

的能力（具有的基因已不表現），不過，**透過增加腸道的吸收力可以加以補償**：當人**生病**時，身體可以**吸收更多**的膳食維生素 C，好讓人們渡過這場危機。不過，這種吸收力增加的反應只會在飲食中擁有豐富的維生素 C 才會發揮作用。由於現代人屬於低維生素 C 飲食，因此增加吸收的效果無濟於事，除非是採取膳食補充劑。

之前我們提及維生素 C 溶液至少在短時間內可以預防蘋果切片變褐色和氧化。然而，來自添加維生素 C 所提供的電子終會耗盡，蘋果的表面最後會變成褐色。當維生素 C 被氧化時，它已無法保護蘋果表面，許多膳食抗氧化劑的供應都有同樣的有限抗氧化性。例如**維生素 E** 在進入發炎或受損的組織後捐出電子以預防自由基傷害。但是，在電子捐出後，它會失去其作為抗氧化劑的功能，不過，在健康的組織中，新陳代謝作用將供給能量與電子，以產生新的抗氧化劑。

在自由基進行實際破壞之前，維生素 **C 和 E** 可以傳遞抗氧化劑電子給自由基。不幸的是，在受損或生病的組織中，細胞處於壓力之下，可能無法從受壓的能量中提供足夠的抗氧化劑電子，以預防進一步的氧化傷害。在這些狀況下，維生素 C 和 E 被形容為有速率上的限制，因為它們只能配合細胞新陳代謝的速度給予電子。幸運的是，正如卡斯卡特博士指出，維生素 C 是一種存在於飲食中**不具毒性、沒有劑量上限**的抗氧化劑（註 11）。

假設，不是只塗蘋果切片表面，而是用維生素 C 溶液持續流過其表面，這樣一來，蘋果表面則可以維持白色最初的狀態。受到維生素 C 和抗氧化劑電子流液的保護，當維生素 C 分子捐出電子後，其他分子馬上取代它們，並且電子供應源源不絕，因此，在維生素 C 持續供應之下，即使生病或受損的組織都能夠維持在一個還原（非氧化）的狀態。

　　維生素 C 不同於其他膳食抗氧化劑，例如維生素 E 和硒。**其他抗氧化劑並沒有維生素 C 這種特殊抗氧化作用需求的屬性**，有一些如硒，毒性較強，不可以給予太高劑量〈編審註：在細胞分子矯正的認知上，微量元素硒的使用主張以胺基酸螯合形式 (Selenomethionine) 來補足而不使用單純硒元素〉。**輔酶 Q10** 不具毒性，但為**脂溶性**，因此會保留在體內，無法提供必要的流動。維生素 **E** 則是生育醇和三烯生育醇分子的混合物，也是一種**脂溶性**同時又是屬於**大分子**。抗壞血酸是一種**毒性極低的水溶性小分子**，所以可以給予高劑量（一天可達 200 公克），以提供大量的抗氧化劑電子。卡斯卡特博士運用高劑量來治療疾病，是首位記述維生素 C 在這方面的潛力，並且有助於近期關於這種動態流模式的發展（註 12）。在動態流中，不管是健康或生病，在持續攝取大量維生素 C 的情況下，身體可以保持在還原的狀態。

　　身體可以持續吸收大量攝入的維生素 C，並且擴散至全身。然而，在吸收進入體內的同時間，腎臟會迅速將維生素 C 從血液中排除，就像是經過蘋果切面的水流，身體可以維持在還原狀態，將自由基的傷害減到最低。氧化的維生素 C 不再需要通過新陳代謝的能量再生，它只要排出體外，並且由新鮮的攝入量取代。生病的細胞處於氧化狀態，需要不斷地供應抗氧化劑電子和能量，透過供應無限的抗氧化劑電子，維生素 C 動態流可以儲存細胞能量，並且藉由供給豐富的抗氧化劑電子來保護細胞。

維生素 C 療法

　　藥理上的維生素 C 劑量是用來治療疾病，不應該與基本營養混為一談。例如，**一個人每日攝取 8 公克**（8,000 毫克）以提供**抗氧化劑保護與降低感染的機率**，這種劑量分次服用可以有效達到效果。然而，在**感冒跡象**首次出現時，維生素 C 的攝取量就要相對大大提高。

　　人們一直以來誤解關於治療感冒所需的攝取量。許多人認為細胞分子矯正醫學主張作為治療必需要攝取一或二公克，這是一個很荒謬的說法，治療疾病實際所需的建議劑量遠大於此。在一般的情況下，劑量要增加**十倍**或更多。維生素 C 基金會建議至少**每二十分鐘要攝取一次 8 公克**（8,000 毫克）的維生素 C，持續三**至四個小時**，直到達到腸道耐受力，之後再間隔四至六個小時攝取較低劑量，以預防復發（註 13）。顯然現在 8 公克的高劑量已成為至少每二十分鐘要重複攝取的劑量！

　　卡斯卡特博士估計腸道耐受力所需的劑量，以提供各種疾病所需的維生素 C 量，這些數值範圍從輕度感冒的 **30 公克**（30,000 毫克）**到病毒性肺炎的 200 公克**（200,000 毫克）不等。個人腸道耐受力值和其病情嚴重度呈正比，許多人聲稱維生素 C 不能預防感冒，一般來說，這些人只攝取一或二公克就期望達到治療的效果。身體會顯示你需要的大量維生素 C 數值——不是你認為應該攝取的量，而是可以真正發揮效果的劑量。奇怪的是，細胞分子矯正和主流的醫生都同意這個看法：一公克維生素 C 不足以治療一般感冒，不同的是，正統醫生認為這意味著維生素 C 效果不彰，而細胞分子矯正醫生則是認為 1 公克劑量實在是少得可笑。

正統醫學將營養和藥理劑量明顯混淆未必是無辜的，當鮑林博士首次出版《維生素 C 和感冒》（vitamin C and the Common Cold）一書時，醫療當局毫不留情或完全沒有科學根據地抨擊他。鮑林博士整個職業生涯陷入科學爭議中，不過，這完全是不同性質的東西。將一直以來頂尖的科學家冠上江湖術士醫之名，只因為他指出維生素 C 有助於對抗感冒這點很奇怪。令人不解的是，醫療機構竟會對這種簡單的維生素和一般感冒感到如此不安。當然，有一些批評者閱讀了文章，並且意識到高劑量效益的證據。值得注意的是，**如果鮑林博士主張的維生素 C 廣效性的療效被大眾接受，那麼製藥公司可能會失去來自感冒藥抗生素甚至化療藥止痛劑的龐大利潤。**

如果臨床試驗一開始就使用適當的劑量，那麼維生素 C 的爭議或許就不會存在了。然而，鮑林書中提及，主流醫學一直以來都小心避免做高劑量維生素 C 的研究，**藉由定義高劑量維生素 C 為 1 公克，重複的臨床試驗研究也都是限定於 1 公克範圍左右。**這些所謂的「**高劑量」維生素 C 被刻意限制在 500 至 1,500 毫克之間**，並且一再被證明對一般感冒發展影響的效果不一，現在你應該明白為何結果是這樣了。媒體很快就注意到這些研究，並且優先傳播這些負面新聞給大眾，**誤導人們相信維生素 C 是無效的。**

建議治療劑量與那些只是用於調查維生素 C 營養特性的劑量有很大的差距。治療劑量是每日飲食建議攝取量 RDA/RDI 的一千倍以上。比較藥理和營養劑量的差別就如同比較一棵小樹和聖母峰高度的差別一樣：就像小孩爬小樹，沒有人會建議需要氧氣或冰斧，而分子矯正學醫師也不會聲稱克級劑量維生素 C 就可以治癒疾病。

其中首次瞭解到高劑量維生素 C 可以迫使身體進入一個還原狀

態，進而有助於對抗疾病的科學家之一是歐文 · 史東博士，他留意到大多數疾病體內的氧化壓力會增加，維生素 C 量會減少：**病情越嚴重，氧化壓力就越大維生素 C 就越缺乏**（註14）。隨著時間推移，讓他有了或許疾病發展的過程需要**氧化**，並且會**產生過量的自由基**。如果真是這樣，那麼維生素 C 動態流可能會消除自由基，促使患病組織回到一個還原的狀態。**維生素 C 可以修改細胞訊息傳導，調節人體免疫反應，預防休克**，並且**降低發炎症狀**。在還原的狀態下，身體對壓力的反應最佳。如果這個概念是正確的話，這意味著維生素 C 可以抵禦種類繁多的傷害和疾病。

　　克蘭納博士指出，在人類疾病中，維生素 C 是依循質量作用定律：在可逆反應中，化學物質的變化程度與相互作用物質的活性質量成正比。換句話說，**攝取越多維生素 C，效益就越大**。給予份量不足的大劑量，充其量可以抑制症狀，而且會延長病程。在這半個世紀中，其他醫師如羅伯特 · 卡斯卡特、亞伯蘭 · 奧費和湯姆 · 利維博士曾多次報告過類似的觀察。這些臨床觀察結果與所有已知的科學事實一致，而且鑒於大量報告中提及的效果，都無法以安慰劑的效應來解釋。

　　維生素 C 療法的目的是保持抗壞血酸值的比例高於脫氫抗壞血酸，這需要依靠不斷的充足供應源，這樣才可以提供受損細胞一個還原的環境，好讓它們可以復元。在一般的情況下，抗氧化劑會參與一連串的氧化還原循環，而這個循環會消耗來自細胞代謝途徑的能量。不過，別忘了受壓的細胞無法再生足夠的抗氧化劑來滿足日益增長的需求，這也是為什麼我們要用高劑量抗壞血酸來拯救它們。

　　我們這種傷害和壓力的典型代表為切片蘋果。**透過提供足夠持續**

的維生素 C 流，我們可以將蘋果表面維持在最初的狀態，這個過程也適用於其他的組織。**高劑量維生素 C 可以消除大多數自由基，並且補充取代那些已被氧化的抗氧化劑，強化受損組織內的還原信號**，有助於提供一個對疾病適當的治療反應。**補充維生素 C，提供體內新鮮的維生素 C 動態供應鏈意味著疾病細胞得到大量「無限」供給的抗氧化電子，因而降低了細胞的能量代謝需求**（節省 ATP）。大劑量維生素 C 可以解除其他分子充當抗氧化劑的角色，使它們恢復正常的代謝功能。維生素 C 提供受損細胞無限的抗氧化劑電子供應，協助受傷的身體回復健康的狀態。

身體對維生素 C 的需求在生病時會顯著增加，隨著健康**每況愈下時**，體內對維生素 C 的**吸收量也會逐漸增加**。因此，提供體內維生素 C 動態流可以讓受損的組織回復到還原與健康的狀態。

第 **4** 章
癌症與維生素 C

"Growth for the sake of growth is the ideology of the cancer cell."

「為增長而增長，這是癌細胞唯一令人匪夷所思的理
念。」

——愛德華‧艾比（Edward Abbey）

　　對大多數人來說，被診斷出患有**癌症**是一種毀滅性的打擊，因為這是世上最令人恐懼的疾病之一。隨著平均壽命的增加，這種疾病的發生率也隨之提高：每**三人**就有一人可能罹患癌症，通常都是在晚年期間。因此，很重要的是，我們要瞭解癌症如何與為何產生，以及因應之道。

　　維生素 C 和其他抗氧化劑在預防和控制癌症上的基本作用在最近幾年才逐漸明朗化。氧化與還原（redox）的化學物質會通知（signal）細胞進行分裂、改變結構和行為或者自殺，其中一個最關鍵的因素就是維生素 C 含量，高劑量維生素 C 結合相關營養物質可以預防並治癒癌症。

癌症是演化的結果

　　在瞭解維生素 C 的作用之前，我們先要知道導致癌症的機制。癌症是一種**細胞的疾病**——當某些細胞不再與體內其他細胞合作，並且開始自成一格獨自運作。細胞之所以如此特立獨行是與數百萬年以來動物和植物的演化方式有關，基於這個原因，我們可以視癌症如同老化一般是自然現象，是一種演化的結果。

　　生物演化涉及生物體遺傳上的變化，進而產生衍生出新的物種。在漫長演化的過程中，人類是近代的產物：大約在三百萬年前才出現。大部份的生物都經歷過很長的單細胞微生物演化期，科學家在三十五億年前的化石中發現單細胞微生物的足跡，而多細胞生物體的化石被發現的年代都是在十億年前以內。

　　大約在三十億年前，早期細胞發展出光合作用能力，運用太陽的能量和二氧化碳與水製造糖份，並且產生副產品——氧氣，不管是直接或間接的，幾乎所有的生命都仰賴這種氧化還原反應。氧化還原反應會驅動生物體的化學作用，在演化早期階段，維生素 C 是植物中含量最豐富的水溶性抗氧化劑，而動物往往也需要大量的維生素 C，其中一個原因是因為**維生素 C 是多細胞生物 (如人類) 在發展預防癌症上一個很重要的控制機制。**

微生物與多細胞生物

地球上最古老的生物體是由單一細胞組成，生物學家將這些分類為細菌、真菌、太古菌（Archaea）和原始單細胞生物（protists）。多細胞生物體花很長的時間演化，部分的原因是因為增加組織之間密切的合作關係需要時間。但請切記，單細胞生物體並不比大型多細胞生物劣勢，在許多方面，它們在生物演化上更為成功。單細胞生物主宰地球——它們是最簡單、最多樣的生物體。

人們通常不會意識到這些微生物，除非它們是病原體（pathogenic）。病原微生物是造成死亡或疾病的一個主因，儘管有害，但地球上的人類、植物和動物藉此得以生生不息的原因完全仰賴於這些微生物的活動。〈編審註：在此主要是指微生物寄生於體弱多病的生物身上，並扮演清除、分解屍體與自然界垃圾的清道夫角色。〉出人意料的是，許多微生物的化學反應比動物更為活躍，可以單靠一些簡單的化學物質生存，這些微生物並不需要外來的維生素 C 的供應。

一般來說，單細胞正如其名是獨立運作，雖然會形成菌落，但這並不是真正多細胞生物體，而是互助的單細胞集結體。其他原始單細胞生物，例如黏菌（Sline mold, 一種原始的黴菌）在遇到壓力時就會聚集在一起，聯合生產一種移動果肉狀體（「形似蛞蝓」），以驅散和入侵其他的領域。這是一種較高層次的互助方式，並且反映出多細胞生物的起源。透過演化，單細胞設法與其他細胞合作，進而發展成多細胞生物體的形式。在每一種情況下，最終的多細胞形式都一定會有生存的優勢。單細胞生物合作的原因是為了獲得更多處理訊息的能力，因為互助的細胞群經常需要與嚴苛的環境產生互動（註1）。

多細胞結構的形成涉及控制機制，因為即使是簡單的菌落也要具備組織型態。例如，黏菌細胞釋放化學物質，促使附近的細胞聚合成可移動的蛞蝓（註2），一個類似化學物質的釋放就會導致一些細菌改變它們基因的反應（註3）。一旦菌落形成，它就必須發展與保持其內部的結構。多細胞生物很複雜：人類的手臂包含骨骼、肌肉、脂肪、血管和神經，排列成立體的結構。為了讓手臂以協調的方式移動，細胞是根據大腦的電子訊號相互溝通，進而產生動作。

大型多細胞生物體需依賴維生素 C 和其他抗氧化劑以控制它們內部的組織，其中一個需求是預防癌症和其他相關的疾病。一個複雜的多細胞生物要成形時，例如哺乳動物，其單細胞是需要嚴加控管的，而氧化劑和抗氧化劑的局部平衡，諸如此類的控制機制的核心，便是維生素 C。

細胞自殺

組織細胞中最嚴苛的控制機制莫過於當細胞收到死亡的指令時。通常是在局部氧化壓力增加的情況下。我們的身體是透過組織細胞生長和細胞死亡（及新陳代謝）所組成的立體結構，另外，細胞也會收到開啟與關閉某些基因的指令，以及轉換成不同類型的指令，例如肌肉細胞、脂肪細胞或神經細胞（這個過程稱為分化）。在發展過程中，一個典型的細胞死亡例子為手指和腳趾的增長，起初，人類的手像一個棒球手套，隨後連在兩指之間的細胞死亡，發展成現今的手指，細胞強迫進入一個自殺程序，稱為**細胞凋亡（apoptosis）**。除非個體細胞在適當訊號下自殺，不然我們的身體結構是無法形成的，雖然這看似奇怪，但細胞自殺對多細胞生物而言是絕對必要的。

相反的，單細胞演化到無論在任何條件下都要存活下來——它們為存活而戰，自殺對單細胞並不是一個熱門的項目，甚至連有缺陷的細菌都會苟延殘喘，避免自殺。儘管這個觀點看起來很明確，不過令人吃驚的是，細菌中確實會產生某種形式的自殺，通常發生在菌落式的細胞群，或許是因為這種菌落式細菌需要一種方法以抑制異常細胞演化成功（註4）。有一些單細胞生物體所形成的複雜菌落具有一些多細胞生物體的屬性，一般而言，細菌存在於生態群組中，牙齒表面的牙菌斑就是一種稱為**生物膜（biofilm）**的典型例子。牙菌斑中的細菌受到外層生物膜的保護，即使用牙刷用力磨擦都難以根除。

個體受損細胞程序性死亡有益於多細胞群體，這種「自毀」的功能類似在一艘燃燒的船中，故意將水灌滿船艙以保持船身的完整，然而，控制這個過程的信號就是**局部氧化**的程度。在體內，「**細胞自殺**」可以**抑制病毒感染**的擴散。同樣，在戰亂物資短缺期間，死亡的細胞可以捐出身軀作為鄰近細胞的營養素。不過，這種利他的行為對自殺的個體細菌並無助益，然而，從演化的角度說明了細胞的自殺是以死亡來獲取生存的優勢。

在多細胞生物體中，這種矛盾或許可以克服。複雜的多細胞生物一般而言是由**含有相同基因的細胞所組成**，在某些情況下，個體細胞的死亡可以增加其他具有相同（或類似）基因細胞的存活率。例如，八個乳頭難以同時哺乳同胎出生的九隻小狗，於是在殘酷演化的法則下，失去一隻小狗可以增加其他八隻小狗的存活率。失去一個具有相同基因的細胞，可以使更多相同基因的細胞存活。多細胞生物透過犧牲個體細胞，在需要時給予自殺指令，以保護整體的完整性。

　　但是，如果細胞拒絕接受自殺指令又會造成什麼結果呢？由於不合群的單一細胞可能隨時會開始單獨行動，因此多細胞生物就得付出這種倒戈的代價。多細胞生物對受傷缺損細胞有一系列的處分之道，例如它們會發送氧化還原信號，指示該細胞凋亡。不過，如果這些控制機制開始出包，或者因長期缺乏維生素 C 與其他抗氧化劑而受損，細胞可能會開始不聽使喚的成長與分裂，不管整個身體是否需要——這就是所謂的癌症。〈編審註：近年來多項研究顯示，癌細胞其實是人體傷口修復機制的變奏曲，初期為傷口長期無法癒合（因組織中維生素 C 濃度太低無法終止感染與修復，即壞血病），後期為本應執行快速分裂修復傷口的細胞，因為有不斷增生因子的供應 (Groweh Factor) 直到失控而產生組織異常增生（即腫瘤）。而較常見的增生因子則存在於人體的賀爾蒙中，如胰島素與雌激素二者皆會因為飲食不當與環境因素而導致異常分泌，因此有「癌症來自一個無法療癒的傷口 canaer is a wound never heal」一說。〉

癌症是否有很多種類型？

　　醫生經常以多種不同的症狀來形容癌症，而且每種症狀都會涉及異常的**細胞分裂和增**生。癌症被視為是一種單一疾病，出現在特定的組織或具有特定的特徵。不過,這種觀點的缺點是它沒有敘述這種疾病潛在的生物學機制。然而,「許多類型」這個觀點也有其優勢,特別是更容易被歸納到某些形式癌症所適用的特定化學或藥物療法。例如,賀爾蒙治療可能針對因賀爾蒙激素所引起的組織癌症,如乳腺癌和前列腺癌較為有效,而對源自肺部的癌症則不會產生太大的效果。

在臨床上,癌症經常以腫瘤的位置描述。例如「小細胞肺癌」(small cell lung cancer)是一種肺部細胞發生癌變的形式,正如其名,是一種相對較小的細胞。當癌細胞擴散時,它們會形成良性或惡性的腫瘤。許多良性腫瘤是非侵入性,相對比較安全,如子宮肌瘤(偶爾會導致出血或甚至死亡)可能會危及生命,而我們皮膚下的脂肪組織相對則是一種常見無害的良性腫瘤。

多數人害怕惡性腫瘤這種疾病,這是可以理解的。惡性腫瘤的組織會大規模擴張,侵入周圍其他組織。癌症一詞來自希臘文的「巨蟹」(cancer),因為它入侵的行徑類似一隻橫行的帶鉗螃蟹。**惡性腫瘤沒有明確的界線或環繞的包膜**,在觸感上更黏附於鄰近的組織,這點與**良性腫瘤有明顯腫塊的特徵**大不相同。

腫瘤大多分兩大類:癌器官(Carcinomas)和骨肉癌(Sarcomas)。器官癌從上皮細胞和和內皮組織生成,這是身體外部與內部表面的覆蓋層,包含皮膚和嘴巴及內臟的內膜。器官癌是常見的,它們會出現在連續分裂的細胞組織中,由於它們在體內具有防護功能,這些組織要藉由機械應力、化學攻擊或氧化才能破壞。骨肉癌並不普遍,是從結締組織和非上皮組織衍生而來,例如骨骼、軟骨、肌肉或脂肪。將惡性腫瘤分成這些不同類型或許有些武斷,因為這樣一來,癌症就失去了它們發病細胞的典型特徵。

　　將癌症分類成特定類型可能會產生誤導，它模糊了其同通性和氧化程度變化的一致性。〈編審註：根據德國兩度諾貝爾生理學獎得主 Dr.Otto H. Warburg（歐特・韋伯醫師）的知名理論——韋伯效應 (Warburg effect)：指出癌細胞在代謝上的共通性為以葡萄糖做厭氧代謝（發酵）為其生存模式而與正常細胞的好氧模式（燃燒）有所區別。〉這種多重疾病的看法也會掩蓋維生素 C 可以驅使正常細胞降低氧化作用 (即抗氧化能力)，以及使疾病組織進入還原狀態的重要功能 (中和自由基)。瞭解維生素 C 和其他抗氧化劑對腫瘤生成和生長的作用，有助於我們達到治療的目的。

癌症是單一疾病

　　將癌症視為多樣變種的單一疾病有助於研究人員確定其核心機制。癌症的主要特徵是細胞增生：單一細胞在一個有利且營養充份的環境下，可以產生數億個後代。**一個單一異常的細胞，理論上可以分裂形成一顆大腫瘤**，當腫瘤快速增長時，癌細胞很可能轉移，並且侵入其他周圍的組織。在滲透鄰近組織的過程中，癌細胞可以克服那些一般限制組織活動和生長的因素。它們會產生一種分解**酶**，分解結締組織基質，好讓腫瘤可以擴散。這種入侵的過程非常活躍且具侵略性，而且侵入性腫瘤甚至能摧毀骨骼。〈編審註：人體是細胞組合而成的有機體，而將細胞連結一起的組織即稱為結締組織 (joint tissue) 而其中最主要的結構即為膠原蛋白 (collagen) 大量的膠原蛋白存在於血管壁、心肌、韌帶、肌肉、關節軟骨以及骨質之中，然而，抗壞血酸維生素 C 則是人體增生膠原蛋白最重要的貢獻因子；因此，對於膠原蛋白的合成，維生素 C 就如同生產膠原蛋白的機器一樣，是不可或缺的。人類癌症中，伴隨晚期肝腎衰竭的臨終徵狀如：貧血、極度精神萎靡、疲乏、出血、潰瘍、易受感染，以及在組織、血漿和白血球中異常稀薄的抗血酸濃度等現象，幾乎和壞血病末期（敗血症）的臨終徵狀相同，原因皆來自於維生素 C 的極度匱乏。再者腫瘤細胞會分泌出一種較透明質酸酶(hyaluronidase) 的物質，已分解膠原蛋白並讓癌細胞蔓延開來，因此，大量抗壞血酸維生素 C 補充可以協助身體合成膠原蛋白，維護結締組織的完整度，讓正常細胞與腫瘤細胞間築起一到堅固的防牆，這對癌症病患擴散的防止意義非常重大。〉

視癌症為一種單一的疾病有助於我們從演化的角度瞭解癌變的過程。**癌症是每個個體細胞在缺氧的環境中掙扎求生的結果**（因缺氧而由好氧突變為厭氧細胞），之前我們提及生物在建構多細胞生物體時會採用嚴密的控制系統，以加強細胞的合作和分化。然而，這些微妙的控制系統還會發展出原始又頑強的機制，以促進個體細胞的存活率。變異的細胞可能會破壞這些相對較脆弱的多細胞控制機制，留下原始又頑強的單細胞生存機制，而這些機制會指示細胞分裂、增生與擴散以求生存，這就是癌症基本的特性。

換句話說，癌細胞有生物有機體的屬性，在惡劣環境中會掙扎求存。**當癌症成為惡性腫瘤時，它的基因已不同於正常的主體細胞。**典型的癌細胞會失去染色體片段，並且獲取其他的片段。不過這種想法會讓人產生誤解，因為惡性腫瘤沒有所謂的「典型」細胞。這些細胞差異性非常大，因為細胞分裂的錯誤已經混淆染色體，一個癌細胞可能只有十個染色體，另一個則可能有一百個染色體。**惡性腫瘤事實上是一個單細胞生物的生態系統**，每一個癌細胞都在為確立基因存活的成功而戰鬥。

　　最簡單的方法是**將惡性腫瘤視為一個新的物種**，每一個細胞不斷地生長，企圖留下比競爭對手更多的後代。癌症細胞生長迅速，蔓延至新的領域，並且拒絕死亡，還會繁衍複製更多的後代。根據演化法則，這種「頑強」的細胞是演化戰場上成功的倖存者。

　　多細胞生物與癌症的抗爭不斷，為了生存，它們必須在一開始就預防癌症。如果癌症控制得當，健康的細胞就有生存的優勢，在癌細胞降低健康細胞生存能力之前就先摧毀它們，因此，人類已發展到在生命中可以長期抵禦癌細胞的狀態。主體的防禦力往往被認為取決於**免疫系統的運作**，以消除潛在的癌細胞，而**氧化還原物質** (redox substances) 則是提供一個替代性與更全面的機制來消除異常細胞，〈編審註：此氧化還原機制之其一為：正常細胞代謝常見的三種自由基產物有 O^+ (活氧自由基)、OH^- (氫氧自由基)、H_2O_2 (過氧化氫自由基)，被還原為 H_2O (水) 與 O_2 (氧氣) 的重氫硫酸鹽 (D_2SO_4) 氧化還原機制，基於癌細胞的「厭氧」特性，O_2 的還原讓癌細胞得以被抑制或消滅。〉並且解釋了「自發性緩解 (自行療癒 spontaneous remission)」的原因。

　　自發性緩解在末期癌症上很罕見，不過，在組織局部的氧化還原狀態中可能會出現。多年來，有數以百計的自發性緩解案例（註5），即使到了一九六六年，自發性緩解案例的記錄估計就有二百至三百件，不過，未提出報告的病情緩解案例可能還要更多，因為大部分人可能在癌症尚未被診斷出前就已復元，有些人可能被錯誤記錄為因接受治療而痊癒，但其實是自發性的康復。免疫系統以局部氧化的手段來破壞腫瘤算是一種自發性緩解，**攝取高劑量維生素 C** 有助於自發性緩解幕後的**氧化還原**和**免疫機制**。事實上，動物和植物需要豐富的維生素 C 與其它多種抗氧化物質的主要原因便是要抵禦癌症。

維生素 C 與癌症

　　一九四〇年，就在維生素 C 分子被確定後幾年，研究人員在研究其對白血病 (血癌) 的效益中發現患者體內往往**缺乏維生素 C**（註 6）。當時研究人員認為以**抗壞血酸鈉靜脈注**射來修補這個不足，或許是一個治療的方法。不久，威廉・麥克密克（William J. McCormick）博士推測癌症與維生素 C 不足的關係（註 7），他認為**惡性腫瘤是膠原蛋白不足的一種疾病**，起因是因為**缺乏維生素 C**。

　　一九六九年研究指出，**足夠高劑量的維生素 C 實際上對惡性腫瘤細胞具有毒性**。在隨後的十年裡，令人振奮的維生素 C 與癌症研究報告提出一種全新治療和預防癌症的方法。歐文・史東博士還記錄了維生素 C 不足與癌症之間的關係（註 8），他意識到，不只一份報告提到維生素 C 使白血病完全緩解的效果。一位研究人員以每日 24 至 42 公克的維生素 C 治療一位粒細胞白血病（myelogenous leukemia）患者，這位患者兩次停止服用維生素 C 後病情惡化，但當他再度恢復服用維生素 C 時，病情就得到緩解（註 9）。

　　這些早期的研究促使鮑林和伊文・卡麥隆（Ewan Cameron）博士進行深入的維生素 C 與癌症的研究（註 10），許多卡麥隆醫師的癌症患者都**痊癒出院**（註 11），鮑林博士指出「**以抗壞血酸治療的癌症患者其平均存活率為對照組患者的五倍**」（註 12）。近期的研究指出，維生素 C 的**氧化還原**機制在預防癌變的過程中可能是非常重要（註 13）。當異常細胞開始分裂時，它的氧化性變得更強（more oxidizing），而且可能對氧化還原反應和其他細胞凋亡自殺的信號更為敏感（註14）。多細胞生物打擊癌症的控制機制已經發展到可以提供新的方法來做為預防與治療的手段。

激活氧化還原機制

維生素 C 是一種是獨特的抗氧化劑，使身體保持在化學還原的狀態（就像讓鐵鏽還原成鐵）。不過，一些科學家指出維生素 C 也可作為一種氧化劑（oxidant），對細胞會造成傷害。這是真的，不過這種傷害性比起高劑量的正面效益根本不算什麼，實際上它還能保護我們遠離癌症。細胞內含氧量的改變是癌症產生的主因，然而血將水中高濃度維生素 C 值可以預防這些變化，並且抑制癌變。此外，在癌組織中，維生素 C 的作用為氧化劑，可以選擇性地殺死異常的細胞。

細胞的氧化還原狀態是一種重要的生化介質，因為整體的細胞含氧量可以調節基因與它們的表現。細胞會利用某些分子，例如**過氧化氫（H_2O_2），作為細胞內部與之間的信號**。氧化和還原反應控制某些更重要的細胞性能，包括細胞的生長、繁殖和死亡。所有的多細胞生物都有這項控制的特點，同時也是用來抑制癌症最重要的機制之一。**維生素 C** 在癌症發展和預防治療中主要的作用在於它具有**抗氧化劑**與**氧化劑**的雙重效應，結合氧化與還原的反應以控制細胞分裂和死亡的機制。

整體細胞氧化還原程度（redox level）的測量單位為毫伏（mV），就如同電子一樣是一種電流，是體內組織分子間電子移動所產生的電荷變化。電子會攜帶一個微弱的負電荷，在一個充滿抗氧化劑還原的環境中，存在著更多的自由電子，組織的氧化還原程度（redox level）（電壓）的**負數值**越大。相反的，在自由基攻擊下的受損組織處於氧化狀態，抗氧化劑含量很少，氧化和受損組織的氧化還原程度（redox level）的**正數值**就越大，因此，氧化還原狀態改變與異常的細胞行為有關（註 15）。當電子靜止時，細胞的氧化還原值相對減少，低於 **-260mV**，相當於具有強效抗氧化防衛力的健康細胞。氧化作用增加時，或許是收到少量過氧化氫（H_2O_2）或一氧化氮（NO）增加的訊號，使得氧化還原值提高至 **-260mV** 到 **-210mV** 之間，就會導致細胞增生。

在一般情況下，現存或因自由基攻擊〈編審註：如潰瘍與組織損傷〉而導致的致癌因子會誘發氧化或細胞增生，進而增加基因突變的機率。細胞增生不只是癌變的副作用，它還會增加細胞的差異性，驅使細胞轉為惡性。為了預防癌症，正常細胞本身有內建的控制機制。通常氧化還原值在 **-210mV** 至 **-180mV** 間，**氧化值上升時，在不得不快速增殖的情況下，細胞會試圖分裂**，而已經轉變為特化形式的細胞會停止分裂〈編審註：如蟹足腫或傷疤〉。如果受損的細胞無法分裂，它就不可能發展成癌症——它也許會生病或異常但影響很小，不會形成腫瘤。

至於那些拒絕轉變（differentiate）的細胞會面臨另一種防衛機制，當**氧化還原值**提升至 **-180mV** 至 **-160mV** 之間，體內會啟動**細胞凋亡**（apoptosis）或**計畫性細胞死亡**（programed cell deach）的機制。由於主體已經無法藉由將細胞轉換成特化不分裂的細胞以保全它們〈編審註：如蟹足腫或傷疤〉，身體就會指示這些細胞自殺，死亡的細胞可以快速有效地清除，因此對主體不會帶來任何特定的威脅。

如果細胞凋亡機制已經受損，細胞又拒絕自殺，主體還有最後一道保護機制。當**氧化還原狀態氧化值高於 -150mV**，細胞會**立即壞死**（necrosis）。細胞凋亡是限制細胞釋放內含物和減少組織受損，而壞死則是**災難性**：細胞喪失結構，完全崩潰，這時氧化值已提升至足以促使細胞任意死亡。研究人員發現，利用**高劑量維生素 C 治療**可以誘使某些患者的腫瘤壞死。

　　維生素 C 和其他抗氧化劑可以維持一個抗氧化的氧化還原狀態，以抑制細胞增生和降低罹患癌症的風險。文獻記載**腫瘤抑制基因**如 **p53**，就是一種**抗氧化劑**，可以有效預防癌症（註16）。相反的，促癌因子（oncogenes）通常會**增加細胞的氧化狀態**。其他致癌和助長因子，例如 **X 光**和**紫外線**都會**提高氧化還原狀態**，造成**自由基**的破壞〈編審註：自由基即是失去電子的分子。例如失去一個電子的氧（O_2）即成活氧自由基（O^+），進而向正常細胞之細胞膜上的脂肪酸分子進行電子搶奪，造成細胞膜的氧化（過氧化脂質）進而形成組織損傷（如潰瘍或發炎）〉。攝取充足的維生素 C 可以提供無限的抗氧化劑電子（防止細胞膜損傷），從而抑制癌症的發展。

無毒性的抗癌劑

　　維生素 C 是一種特別有效的抗癌劑，因為其毒性非常低。我們之前提及，腫瘤細胞會演化成一種具有抗藥性的細胞族群，就像昆蟲對殺蟲劑會產生抗藥性或細菌對抗生素會產生抗藥性。除了手術的治療以外，醫生們希望可以改變其生／死的平衡，好讓癌細胞死亡的細胞多過於分裂出來的細胞。如果可以達到這個目的，腫瘤就能夠縮小。

　　腫瘤學家使用腫瘤縮小的程度作為衡量治療的有效性。不幸的是，**即使某種治療方法可以設法縮小腫瘤，但卻無法確保患者活得更久或使症狀減輕**。結果之所以不明顯是因為那些容易被殺死的細胞會從群組中移除（腫瘤縮小），**而逃過一劫的頑強癌細胞就會對該治療產生高度的抗藥性**。一般化療或放療的療程相對較短，因為這些對患者的健康會產生毒害，造成難以忍受或甚至危及生命的副作用。如果癌細胞在治療後仍然存在，腫瘤就會繼續增長，而且具有更高的抗藥性。這些抗藥性的腫瘤細胞比起其他癌細胞更**具競爭性**，可以得到更多的資源，因此往往成長得更快速，然而這將造成後續治療的效果不彰，因為這些細胞將變得較不敏感，而且會**越來越強韌。患者在完成幾周的治療後，癌細胞很可能完全具有抗藥性**，這樣一來癌細胞就可以肆無忌憚地生長，並且入侵身體。因此，**慣用的腫瘤縮小方法並不是一個可靠的成功治療指標**。

有效的治療方法應該是**延長患者的壽命**，並且提**高他們的生命品質**。重要的是，我們要為每一位患者仔細考量成本效益、痛苦指數和一般癌症治療的利弊得失。一般來說，抗癌藥物具有化學毒性，可以殺死細胞，在某些情況下，這些毒性藥物殺死癌細胞的效力只比殺死健康細胞的效力略高一點。因此，當患者接受這些藥物治療後，腫瘤內那些敏感的癌細胞很快會被消除，但體內其他敏感的細胞如**毛囊**和**腸道內襯**很可能也因此受到傷害。經過一系列治療，**倖存的癌細胞會產生抗藥性**，而患者體內先前的健康細胞將變得越來越脆弱，以至於無法再接受治療。

解決這種治療的困境就是採用**無毒的抗癌劑**，而且我們有無數這類的化合物可以使用，其中飲食裡最主要的抗癌成分就是**維生素C**。單靠維生素 C 就能發揮效果，但如果搭配其他氧化還原營養素和維生素，例如 **α - 硫辛酸**或維生素 **K₃**，則具有倍增的效果。營養素具有氧化還原的協同作用，可以選擇性地消滅癌細胞〈編審註：編審註：根據研究顯示以維生素 C 做癌症治療，產生以下兩種機轉：《機轉一》標靶效應：由於癌細胞只能做葡萄糖厭氧代謝以維持生命，因此癌細胞的細胞膜擁有比正常細胞多出 7 倍～ 16 倍的胰島素受體，葡萄糖的分子式為 $C_6H_{12}O_6$，而維生素 C 的分子式為 $C_6H_8O_6$，癌細胞無法辨視維生素 C 而將之視為葡萄糖，因此血液中的維生素 C 將集中停留在腫瘤所在之處（此現象可透過正子攝影觀察出）並集中火力進入腫瘤細胞等同於標靶效應。《機轉二》癌細胞毒性：根據 NIH（National Institutes of Health，美國國家健康研究院）醫學期刊 PNAS 第 104 期於 2007 年 5 月 14 日發表之有關於維生素 C 治療癌症相關研究報告，內容顯示：由於癌細胞缺乏過氧化氫酶（H_2O_2，catalase）而無法解除其自由基毒性的特性（正常細胞則具足此特性），透過維生素 C 大劑量使用（Pharmacologic Concentration），還原鐵離子（捐贈電子）的機轉將癌細胞內的三價鐵（Fe3+）還原為二價鐵（Fe2+），而二價鐵又受贈於過氧化氫（H_2O_2）所捐贈之電子，再度形成三價鐵（Fe3+），由於 H_2O_2 失去一個電子後轉換為兩組自由基（OH+、OH-）其中氫氧自由基（OH-，Hydroxyl Radical）為人體所存在之自由基中殺傷力最強的自由基，透過氫氧自由基於癌細胞內的形成，癌細胞則得以被輕易消滅，這與部分的化療藥機轉中利用氫氧自由基殺死癌細胞的作用結果相同，但是卻不會傷及正常細胞〉。大劑量維生素 C 對癌細胞具有破壞的作用，以維生素 C 為主的治療方法對腫瘤細胞族群會產生持續性的壓力，抑制其增長。維生素 C 是一種抗氧化劑，可以保護健康細胞免於受到化療毒性的作用，在一般情況下，**維生素 C 並不會干擾或降低化**

療的療效（註 18）。

　　當維生素 C 作為**氧化劑**時，其對**腫瘤細胞具有選擇性的毒性**，可以抑制它們生長或完全消滅它們而不傷及無辜。利用氧化還原營養素的方法殺死癌細胞的副作用較小，而且還有證據顯示可以**延長患者的壽命**，同時提高患者的生活品質，這是一個關於癌症和抗壞血酸的好消息。

　　以下是以維生素 C 為主的典型氧化還原協同治療法。對多數尚未進入末期的癌症患者而言，這是一個標準的治療方法。

- 維生素 C（抗壞血酸）不定時補充每日五或六次，單次劑量至少 3 公克的動態流補充法，達到每日總劑量為 20 公克或以上（補充至瀕臨軟辨惑腹瀉，大於 95% 腸道耐受力）。**強烈推薦使用微脂粒劑型。**
- 每次攝取維生素 C 時搭配 200 至 500 毫克的 α-硫辛酸（每日口服總劑量最多 5 公克）。
- 每日攝取 4,000 IU 的維生素 **D₃**。
- 每日攝取 800 微克的**硒**。這個硒的攝取劑量符合美國政府聲稱的「沒有發現副作用」，並且被認為是安全沒有任何副作用的最大攝取量。
- 每日攝取 400 至 2,500 毫克的**鎂**。（如檸檬酸鎂或以鎂為主的離子化微量礦物質懸浮劑）。
- 極低碳水化合物（澱粉與糖）和低熱量飲食。
- 大量生鮮蔬菜。

這是一份嚴格的飲食限制，涉及低卡路里，特別是降低碳水化合物和蛋白質的攝取量。基本上，這份嚴格的飲食限制要配合**維生素 C 最大的腸道耐受力劑量**與 α **- 硫辛酸**的攝取量。

個案研究

以下軼事為作者（A. W.S）與一位服用大劑量維生素 C 癌症患者的經歷：

喬肺癌末期，他不斷地咳血，我和他在他的郊區小屋客廳中談話，因為他病重無法到我的辦公室來。事實上，他已病重到無法離開他的躺椅，生活疲憊不堪，整日就在這把躺椅上度過白天和黑夜。他不能走路，而且痛到甚至無法躺下。夜晚在躺椅上過夜，他沒有食慾，不過他想要活下去，如果可以使他的感覺舒服一點，他甚至願意嘗試維生素療法。

當時正當十月天，就在我們交談的時刻，窗外橙色亮黃的樹葉紛紛落下。面對死亡永遠都不是件簡單的事情。身為一名諮商的學生，我在波士頓布萊格姆醫院面對過許多這種場合，當時，我只是靜靜聆聽和觀察，而現在，我還是靜靜聆聽與觀察，並且建議維生素 C。

「要吃多少？」喬叫嚷著。

「儘量達到人體可以吸收的最大值」我向他解釋腸道耐受力，並且回答他家人提出的常見問題，大多是關於這個方法的效果如何，有一些的懷疑是可以理解的，有一些則是過於樂觀的否定。「根據喬的實際病況，維生素 C 是非常值得一試」，所有人都同意喬已經沒有什麼好損失，可以放手一搏。

喬將一大瓶水和維生素 C 粉劑放在他的躺椅右邊，在幾天之內，喬停止咳血，光這一點效果就算是很好了，不過，就在一個星期內，他的狀況改善許多。他的妻子說喬的胃口變好，可以躺在床上，睡眠品質變得更好，而且痛苦也減輕了。一次又一次的，我見證到末期患者在攝取大劑量維生素 C 後疼痛減輕，睡眠有很大的改善。如果維生素 C 沒有其他的效果，光這些好處就無庸置疑的值得我們使用它了。

一周後不久，喬可以拄著拐杖繞著房子走，甚至還可以在院子裡散步。他的妻子在報告他的進展時相當激動，她知道，在某種程度上，喬似乎不太可能從如此嚴重的癌症中存活。到最後，他雖然沒有抗癌成功，不過，他延長了自己的壽命，而且維生素 C 也大幅提高了他生前的生活品質。

他到底攝取多少維生素 C 呢？清醒時大約每半小時 4 公克，不分白晝，這個每日 100 公克的作法，喬從來沒有腹瀉。隨著時間推移和我們知識的增長，我們意識到維生素 C 結合其他營養物質對癌症患者有很大的效益。維生素 C 配合其他營養素如 α-硫辛酸和維生素 K3 可以驅動最大化的氧化還原協同效應，如果喬當時有此資訊，或許他還可以活更久，生活品質甚至更好。

癌症是最令人恐懼的疾病之一，從整個近代史來看，其發病率或破壞力有日益增加的趨勢。這種疾病的起因在於細胞中氧化劑和抗氧化劑的平衡，人類是複雜的多細胞動物，並且演化至對癌變和惡性腫瘤具有無數的防禦機制，而其中一個關鍵性的防禦因子就是**維生素 C**。

第 **5** 章
心臟病

"One sometimes finds what one is not looking for."

「有些東西會不請自來。」

——亞歷山大・佛萊明（Alexander Fleming）醫師
（抗生素發明人）

　　維生素 C 是一顆**健康心臟**的關鍵。冠狀動脈心臟病或中風再也不會造成人們死亡，因為證據顯示，只要攝取足夠的維生素 C 和其他抗氧化劑就可以預防和有可能根除這些症狀。幾十年來細胞分子矯正醫生們一直主張造成**心臟病**和**中風**的原因是一種**低度的壞血病**（law grade scurvy）〈編審註：或如萊納斯 · 鮑林博士所形容——血管型的壞血病。〉，忽略這個建議很可能使這個疾病沒有機會在第一時間被維生素 C 治療，讓患者白白犧牲並讓心血管疾病成為西方世界的頭號殺手。

　　然而，奇怪的是，過去因為這個疾病而死亡是很罕見的——這是一種最新的流行病。人們往往不承認冠狀動脈心臟病是一個相對較新的問題，而且局限在一些生活於現代環境下的族群，大多數動物不會有冠狀心臟病發作的疾病，不過它確實會發生在動物身上，只是這種情況很罕見，但都與**缺乏維生素 C** 有關。幾百年來，人類的生活方式改變許多，因而導致心臟病和中風成為一種流行病。這些特殊的變化尚未完全確定，或者更明確的是，我們並未完全瞭解，目前我們已知的大多是關於與統計數字相關的風險因子。然而，有一個共同因素——不管是直接或間接的心臟病風險因子都會增加身體對維生素 C 或抗氧化劑的需求量。

心臟與血液循環

　　簡單來說，心臟是幫浦，血管則是用來輸送身體血液的管道。**心血管系統**必須有**自我調節**和**快速自我修復的能力**，它有許多功能，但其中一項非常關鍵的要求是把**氧氣**送到組織中。

存在於流動液體中內含細胞的血液稱為血漿，血液中輸送氧氣的紅血球會與一種名為血紅素的蛋白質結合，當與**氧氣**結合後，由於血紅素是**紅色**的，因而成為血液的顏色。紅血球是血液中最多的細胞，這與它們供應全身細胞氧氣的目的一致。當供應器官的血液受到阻礙，組織會失去燃燒葡萄糖而產生能量的**氧氣**，並且可能受到立即的傷害，人類缺氧 3 分鐘即有致死之虞。當氧氣不足時，細胞最基本的能量供應會喪失（即不再生成 ATP），由於這是細胞生成抗氧化劑的能力來源，因此細胞馬上會受到氧化和自由基的破壞。

氧氣啟動**氧化**和**還原**反應，提供能量和抗氧化劑的來源，而氧氣則是來自一系列的自由基反應，燃燒我們食物所產生的能量。在氧氣缺乏的狀況下，意味著這些氧化反應被中斷，體內一些敏感的細胞，例如大腦，很快就會耗盡能量。我們的身體運行著一連串的氧化還原反應：氧化反應將分子中的電子移除，相反的，透過維生素 C 和其他**抗氧化劑**，還原反應是提供電子。如果這項功能停止，即便是很短的時間，組織都會因此受損或甚至死亡。

心臟有四個腔室，兩個收集腔室（心房），兩個幫浦腔室（心室）。心臟肌肉收縮的頻率會隨著來**自神經系統**（自律神經）或激素如**腎上腺素**的訊息而改變。自主神經系統控制這些身體的基本功能，意識上無須費心。維生素 C 保護這些自動系統，而且是**腎上腺素合成必需的營養素**〈編審註：請參考本書 27 頁〉（註1）。事實上，**體內最高濃度的抗壞血酸儲存在腎上腺**（註2），因此，充足的維生素 C 很重要，有助於身體在面對壓力時做出適當的反應，並且預防休克的狀況發生。維生素 C 這個作用或許是對抗疾病、感染和毒素其中一個主要的機制（註3）。

心臟病發作、血栓和中風

不當的血液凝結會導致心臟病發作和中風。**血栓**是血液凝結的結果，因此，抗凝血是修復受損血管很重要的機制。雖然血液凝結對預防不必要的血液流失和修復傷口保持血管系統的完整性非常重要，但血液凝結若發生在不對的時間點或於阻塞血管的位置，這樣一來就會導致心臟病發作。異常凝血症狀會干擾正常的血流，當心房顫動（fibrillation），上部較小的腔室跳動快速且無力時，血流速度會變慢，流動慢的血液會凝結成固態的血塊。其他狀況包括**心臟衰竭**或**長途飛行**中長時間的坐姿也會造成血栓。

大多數因心臟病發作而死亡的人，在死前似乎都會進入一個短暫**心室顫動**（ventricular fibrillation）的過程。如果冠狀動脈內的血栓阻礙血液供應至心臟肌肉，隨後的傷害可能會使心室的收縮控制超載，收縮的波動訊號受到心臟壁損害區域的干擾，造成轉向的訊號在錯誤的時間抵達肌肉纖維，結果導致**不協調的收縮**。當心室顫動時，心臟主要肌肉的不同部位同時間會以不同的速率收縮，肌肉會進入一種**不規則的痙攣狀態**。這種扭動痙攣會**使泵血作用停止**，由於心臟肌肉還提供自身的血液供應，因此肌肉很快會耗盡能量，最終**心室會因擴張而鬆弛**。

供應腦部的血管堵塞將導致閉塞性中風（occlusion stroke）。其他有微血管的重要器官也會受到影響，例如肺栓塞（pulmonary embolism）會阻斷血液供應至肺部。這些堵塞基本上和心臟病發作或閉塞性中風是一樣的。

心臟肌肉和組織是由局部的血管系統供給（左、右冠狀動脈）血液。血流量大多是由這些局部的血管控制，當需求量增加時，血流量就會增加。局部的激素，例如自由基一**氧化氮**（NO）**會使冠狀動脈擴張**。當血凝塊阻塞其中一條冠狀動脈時，被供給的心臟肌肉會迅速死亡或受損，這時如果血流受限變得更慢，側支血管則會調節這種變化，提供替代的供應。心臟中的小血管是互通的，當微小血管堵塞時可以互相彌補。然而，不幸的是，較大的動脈則是單獨的，一旦堵塞則會造成生命的威脅。

經過幾十年來的科學研究，我們對人類心血管系統有一定程度的瞭解。血液中**堆積的脂肪**（即高血脂、高膽固醇）並不會導致心臟病發作，然而人們卻經常誤解這一點。**心臟病發作和中風是因為血液凝塊在動脈內壁發炎處形成，進而在冠狀動脈血管阻塞處破裂**，這個病理過程與維生素 **C** 和**抗氧化劑缺乏**有關。〈編審註：臨床上較能判斷動脈是否發炎的 CRP 和 Homocystine 二個指數才是心血管疾病的風險指標而非三酸甘油脂或 LDL 膽固醇。〉

動脈粥狀硬化

動脈粥狀硬化斑塊是脂肪組織和細胞堆積在動脈壁內，初期的斑塊形成涉及動脈組織內白血球細胞聚集和細胞增殖。在動脈斑塊形成的過程中，細胞功能會受損，膽固醇（LDL）也會沈積。不同於水管的水垢，斑塊形成是一個活躍的過程，取決於細胞對局部區域受損的反應。初期斑塊增長時，動脈壁會局部增厚擴大直徑，好讓血液可以通過。當人在運動時，供應心臟的**動脈壁增厚**可能造成**血壓升高**無法擴張，其結果就是**心絞痛、胸口緊繃**與壓迫感。在其他動脈上，這可能會導致大腿緊縮與疼痛（即**間歇性跛行** intermittent claudication），最終斑塊開始堵塞血管，血流量降低，逐漸收縮，形成所謂血管狹窄（stenosis）的狀況。

在某些情況下，斑塊可能繼續擴張，直到完全阻塞動脈，阻礙血液流動。不過，大約只有百分之十五的心臟病發作直接與斑塊逐漸增厚造成堵塞有關，大部份心臟病的直接肇因是斑塊**破裂**所致，血栓則是間接產物。

基本上斑塊有兩種形式：穩定和不穩定。穩定斑塊相對比較安全，它們可能增厚緩慢，直到完全堵塞動脈血管，不過這是非常罕見的現象。不穩定的斑塊，顧名思義是比較危險，它們有一層**薄纖維帽**（fibrous cap），包覆脂肪和白血球細胞形成一個軟核心，這有助於強化和箝制斑塊的發炎脂肪，增加其穩定性。但是，這些不穩定的斑塊內含大量自由基，進而導致纖維帽爆裂。一旦纖維帽受損，身體會試圖修復這個傷口，因為身體會透過凝血來修復任何傷口。凝血作用是預防失血和保持損傷血管完整性的主要機制。

因斑塊而啟動的凝血機制可能會快速堵塞血管，更常見的情況是，凝血塊碎片在血流中自由穿梭，直到遇到過窄無法穿越的動脈時才停止。當這種情況發生在供給心臟的動脈時，這會剝奪組織的氧氣，導致心臟病發作。有時候血液凝塊會停在大腦內，造成**閉塞性腦中風**，產生**局部組織壞死**的現象。

然而，維生素 C 可以延緩或制止這些所有災難性事件的進展。心臟病發作可能只是反映出體內缺乏維生素 C 和相關營養素。威廉‧麥克密克博士和其他早期維生素 C 研究人員早在半世紀之前就已首次提出心臟病與維生素 C 值息息相關（註 4）的理論，後來鮑林博士和其他人也有詳加說明（註5）〈編審註：鮑林認為動脈粥狀硬化是血管型的壞血病〉。但是，我們至今尚未看到在這方面有特定的研究方案，儘管動脈粥狀硬化所導致的傷殘和死亡人數非常的驚人。自二十世紀中葉以來，正統醫學不斷繞著**膳食脂肪**和**膽固醇**二個錯誤的議題打轉，因而使得維生素 C 與心臟病的研究無人聞問。

心臟病的真正致因——生活方式因素或發炎？

尋找心臟病致因涉及許多途徑，而最終的結論為**缺乏維生素 C**、**發炎**和**氧化傷害**。吸煙、高血壓和高脂肪飲食或許會助長動脈粥狀硬化，但它們不是致因。有些人的生活方式儘管完全處於重大風險因素中，但他們仍然安享天年，有些人因突發性動脈粥狀硬化早逝，但他們是不吸煙的素食者，對動物脂肪還特別排斥。不過，這些風險因子中主要的相關特性為它們會產生自由基，並且會增加體內對維生素 C 的需求量。

關於傳統風險因子無法解釋心臟病，原因很可能是涉及到遺傳因素的這個看法讓人無法苟同，因為即使將遺傳因素列入考慮之中，目前的傳統風險因素仍然無法解釋或反映二十世紀心臟病發生率的變化（註6）。找出疾病的基因可以提供潛在生化問題線索，但這些基因本身無法提供說明或治療方法。主張涉及遺傳因素只是意味著，有些容易罹患心臟病的人天生具有異常的生物化學因子。然而，在我們的物種中，**人類需要維生素 C 就是一個最普遍的基因異常**。人類主要的基因改變——失去合成維生素 C 的能力——往往被正統醫學忽略，不過，缺乏合成維生素 C 的能力，似乎可以說明為何人類容易罹患心血管疾病。

　　將焦點放在風險因子反而掩蓋了心血管疾病與發炎的關係，大多數的風險因子都有**誘發發炎**的特性。動脈粥狀硬化的危險因子包括脂質異常，例如血液中低密度膽固醇（LDL）過高。**自體免疫**和**感染**（尤其口腔中的細菌）也會增加罹患的風險，另外**同半胱胺酸**指數〈編審註：Homocystine 指數反應血管彈性與硬化程度，同時也與 B 群維生素中的 B_6、B_{12}、葉酸缺乏相關，安全值在 10 以內。〉過高、氧化壓力、遺傳易感性、C-反應蛋白和各種代謝疾病都會使風險因素增加（註7），而這些風險因素的效應可能會與各個不同的發炎反應結合產生協同的作用。在一般的情況下，它們會刺激身體釋放一些活性分子參與發炎反應，包括活性氧化物種和對傷害會產生反應的免疫細胞。

　　危險因子無法直接指出致病的原因，然而，它們是**發炎**與維生素**C 需求量增加**的指標。當危險因子結合時，相對的風險就會增加，因而使人有長期慢性發炎和亞臨床型壞血病的症狀（如：牙周病與血管硬化）。

　　傳統的危險因素似乎會影響三種主要的細胞類型，而這三種對動脈功能又會造成影響（註8）。血管內表面的**內皮細胞**（endothelial cells）控制**激素**流量和其他化學物質進入血管壁（註9），它們的作用好比血管和血液的邊界。深入動脈壁則是**平滑肌細胞**，維持血管的結構和張力，控制收縮與擴張以減少或增加血流量。**白血球**可以進入血管壁，協助保護動脈免於受到化學和生化的傷害，不過，**白血球的氧化傷害**可能會導致動脈壁發炎和產生粥狀動脈硬化的現象，而局部血管壁慢性發炎的症狀則會干擾這些細胞正常的活動。

　　一些常見的心臟病危險因素，例如**吸煙**和**高血壓**會促進動脈壁的氧化和發炎。與壓力有關的氧化則會造成**白血球黏附於動脈壁**，這是**斑塊形成的早期階段**（註10）。動脈受到張力或其他的壓力會產生發炎，進而刺激斑塊形成，然而充足的維生素 C 供給則是預防這種發炎和隨之而來的心臟病一個最重要的因素。分子矯正維生素 C 補充法可能是個人預防心臟病和中風最好的方式，傳統危險因素的共同因子就是發炎與自由基傷害的關係，而攝取大量的維生素 C 和相關抗氧化劑就可以預防這種傷害。

當我們視動脈粥狀硬化為一種發炎疾病後，提升預防和治療的可能性已越來越明確。然而，幾十年來醫學界始終錯誤的堅持**膽固醇**和其他「有害」的脂肪才是潛在的致因，甚至即使這種看法從未有確鑿的證據，只是因為動脈斑塊的成分之一有膽固醇，以及統計數據顯示它具有風險的因子。人們花了幾十年的時間才正視斑塊是動脈局部發炎的現象，由於**發炎**可能被認為是組織受損的一種特性因而被忽視，然而有趣的是，維生素 C 缺乏的人，似乎更容易有血管壁**發炎**和**高膽固醇**的症狀。

斑塊發炎可能是屬於活躍或相對靜止的狀態。**急性發炎**的活躍斑塊最具危險性，斑塊可以處於靜止的狀態好幾年，但偶爾突然爆發會使人置身於**血栓**形成、心臟病發作和中風的風險中。通常斑塊發炎與感染有關，目前許多用於治療心臟病的藥物，例如**阿斯匹靈**、史塔汀類〈編審註：stantin 藥物，為目前最普遍使用的降膽固醇藥物。〉都含有抗發炎、抗氧化劑或抗菌的屬性，雖然它們常常以其他理由給予這個處方（註11）。大多數傳統心臟病和中風的危險因素都會造成發炎和自由基傷害，**當抗氧化劑不足時，低程度發炎的靜止斑塊會轉成活躍危險的形式**，而攝取**大量維生素 C** 可以阻止這種轉變，並且完全杜絕心臟病發作。

　　身體不斷需要維生素 C 以修復組織輕微的受損，在**動脈粥狀硬化**中，這種修復機制喪失，主要的原因是缺乏抗氧化劑，特別是**維生素 C**。心臟病和中風的危險因素在某種程度上與動脈的疾病或其進展

高血壓：風險或其來有自？

　　醫師認知的危險因子如**膽固醇**過高無法解釋動脈系統內斑塊所在的位置。動脈的張力和其他壓力會產生發炎，促進斑塊形成。斑塊較常發生於靠近心臟經常受壓處，也就是血管**伸展**和**彎曲**所在。高血壓和脈動血流會驅使這個區域的血管彎曲，而周圍阻塞的血流也會因為血流剪應力沿著動脈內襯而產生張力。以高血壓來說，「風險因素」與動脈壁受損，就是一個很簡單的張力的關係，而這個張力關係說明了心血管疾病至少有一部份的動脈受損和斑塊分佈。

　　控制血壓的機制有好幾種，包括**神經**和**激素**（腎上腺素），但詳細的控制機制至今我們仍未全盤理解。收縮壓是**動脈**的壓力**高峰**，對應於心臟肌肉的收縮。**舒張壓**是動脈中**最低**的壓力，對應於心臟肌肉的舒張，成年人正常血壓值範圍通常為：

收縮壓：90-135 mm Hg　　　　　　舒張壓：70-90 mm Hg

　　兒童的血壓往往比較低，老年人的血壓大部份都比較高。老年人血壓升高或許是因**血管彈性漸失**，但這不一定是正常老化必

有關，但它們都不是疾病的病因，鑽研所謂的危險因素，例如醫界只擔心膽固醇過高，反映了我們對**基礎生物學**的無知，使我們忽略動物體內合成維生素 C 是為了要抵抗動脈粥狀硬化（註 12）。人類或許可以透過補充大量維生素 C 動態流劑量進而擺脫心血管疾病。

然的結果，因為不是所有人的血壓都會隨著年齡增長而升高，這可能是一個現代飲食習慣**長期缺乏維生素 C**和其他營養素的現象。一般健康年輕人在靜止時的收縮壓大約在 120 mmHg，舒張壓在 80 mmHg，不過這是因人而異。血壓值高於 120/80 很可能有高血壓的前兆，飲食方面可能要略作調整。有些人的血壓值較高，有些人較低，有些人在測量壓力下會產生不同的變數。此外，血壓值會因時間和個人因素產生快速的變化。它們還會因許多因素而改變，例如壓力、營養素和疾病。這種壓力的反應會導致「白袍」效應，也就是通常患者一見到醫生和其他臨床工作人員時所測得的血壓值都比較高，這種壓力的增加往往會使患者陷入不必要的擔憂緊張。一個擔心自己很可能有高血壓的人，可能需要花幾天或幾周在同一個時間點測量血壓，因為**血壓測量往往是不可靠的**。

當血壓失控時，高血壓可能導致**動脈瘤**（aneurysms），而動脈瘤很可能會如同車輪內胎脆弱處一樣**凸出變薄然後爆裂**，或者，反覆的壓力會造成**慢性局部發炎**，產生像**疤痕組織**一樣的動脈斑塊以試圖修復受損處（註 13）。高血壓常常被指為是心臟病的「風險因素」，但其實血壓這個「風險因素」與局部的動脈壓力之間是有明確的因果關係。

動脈粥狀硬化的過程

　　任何對動脈的化學、機械或免疫的攻擊都會產生自由基傷害。這些傷害會啟動一連串**發炎**反應，目的是**修復**，**啟動免疫系統**，並且大幅增加**局部對抗氧化劑的需求量**，其結果就是局部發炎，而幾乎所有傳統的危險因素都可能只是一個次要的角色。

　　當維生素 C 短缺時，動脈粥狀硬化似乎是從輕微的血管壁破裂或損傷開始。這種傷害始於將動脈壁與血液分隔的內皮細胞（註 14），這些細胞感應當前的狀況，並且提供信號控制動脈的癒合反應，維護血管的張力，保持血管的流動（註 15）。血管內皮細胞控制進入動脈壁營養素的流動，與發炎症狀萌生有密切的關係。

　　當受傷時，血管內皮細胞會釋放一定數量的分子（纖維連接蛋白、選擇素、白細胞介素 -1、細胞間黏附分子、血管細胞黏附分子和其他物質），指示血液中的單核細胞白血球穿透血管壁，這時啟動發炎反應的特殊訊號很可能也會被釋放（註 16），而且那些會影響**血液凝結的因子**（血栓素、溫韋伯氏因子、前列環素和組織纖維蛋白溶酶原）有可能會產生（註 17）。然而調節血管狀態和血流量其中一個更重要的局部激素是由內皮細胞所釋放的**一氧化氮**（NO）。一氧化氮是一種被我們細胞大量運用的自由基，作為一種化學信號來控制局部的**血流量和血壓**（註 18）。它通常用於**擴張增加流量**，因而與另一個名氣更大的激素**腎上腺素相反**（註 19）。為了正常運作和維持血管張力和血流量，**一氧化氮**的形成取決於充足的**維生素 C 量**（註 20）。

　　在維生素 C 供給充足的情況下，當血管壁受壓或受損時，上皮細胞可以增加一氧化氮的產生（註21）。一氧化氮受制於幾種化學因子（乙醯膽鹼、血栓素、緩激肽、雌激素、P 物質、組織胺、胰島素、細菌內毒素和腺苷）和張力因素，如血流剪應力的訊號（註22）。一氧化氮是一種氣體，透過水和脂肪很容易可以分解與擴散。這種分子會使**血管擴張**，〈編審註：另一個細胞分子矯正中常常強調的菸鹼酸（維生素 B$_3$）也是能使血管擴張有益心血管疾病治療的利器。〉，是動脈壁防禦機制初期一個重要的成分。**體內一氧化氮反應失常往往是缺乏維生素 C 所引起**，進而導致體內血流受到更大的阻力與血管壁增厚。

二〇〇三年，美國藥理學家路易斯・英格納諾（Louis J. Ignarro）博士提出動脈粥狀硬化斑塊就像河灣的垃圾阻礙河水流動，結果造成動脈壁上皮承受局部的壓力。英格納諾博士指出以**維生素 C** 和其他抗氧化劑（維生素 E 和 α - 硫辛酸）搭配 **L- 精胺酸**可以預防血管發炎和後續的傷害。一九九八年，他以一氧化氮訊號與心血管系統的研究得到諾貝爾生理學或醫學獎。他的實驗顯示，膳食補充抗氧化劑和 L- 精胺酸可以降低老鼠罹患心臟病的風險（註23），他相信這種基於維生素 C 的作法在人類心臟病患者身上也會產生類似的結果（註24）。

當動脈內平滑肌細胞收縮時，血管的直徑變小，有助於保持血管的張力和血壓。不同於骨骼肌，平滑肌細胞通常不是在有意識（交感神經）的控制之下，自律神經系統和激素，如**腎上腺素提供平滑肌張力**，以及消散來自心臟跳動引起血流脈衝產生能量所需的彈力。高血壓或動脈粥狀硬化的人，這些平滑肌細胞會分泌局部的激素和其他化學物質，以吸引白血球細胞及作為生長促進劑（註25），這種變化是為了強化動脈斑塊的發展（註26），當平滑肌細胞增殖時，它們會分泌一種結合**膠原和彈性纖維**的蛋白質以形成**纖維帽**來覆蓋增長中的斑塊（註27）。

隨著斑塊日益壯大，膽固醇和血脂含量也會增加。在晚期斑塊中，血管平滑肌的細胞會出現老化，且細胞死亡率會增加。這些細胞對自由基傷害更加敏感，而且很可能因局部發炎而被活化的**白血球**細胞殺死，然而，這些死亡的肌肉細胞又會進一步刺激**發炎**的過程，使動脈壁更加脆弱，進而造成像**動脈瘤**一樣爆裂（註28）。如果纖維帽破裂，它就會釋放脂肪和斑塊碎片進入血流中，而血液會視這些為傷口（病變），並且作出凝血反應形成**血塊**，以封閉這些受傷的血管壁（註29）。小斑塊破裂，該組織也許部份會癒合，包含進入斑塊內的凝血物質，大斑塊破裂則會產生阻塞動脈的血凝塊。以分子矯正醫學標準的維生素 C 值可以預防斑塊破裂，進而達到有效預防心臟病和中風的效果。

白血球細胞是發炎的一種成分，它們對動脈粥狀硬化的影響可想而知。單核白血球細胞從血液進入動脈壁，進而導致上皮細胞受到進一步的氧化傷害。當受到損害時，內皮細胞會引發單核細胞黏附在動脈內的表層，隨後單核細胞會擠進內皮細胞的間隙，然而進入動脈壁。隨著斑塊進一步的發展，再加上發炎組織釋放的局部激素，**單核細胞**會變得越來越多。一旦進入斑塊，單核細胞會轉變成另一種類型的白血球細胞，稱為巨噬細胞（macrophage），是體內免疫反應的一部份，負責吞噬外來微生物，而活性氧物種通常存在於**發炎**組織中，會發出訊號通知單核細胞轉變為巨噬細胞（註30）。

在維生素 C 缺乏的情況下，發炎的症狀會繼續，**巨噬細胞的吞噬作用不再有益**，反而還會**導致斑塊破裂**。一旦進入斑塊，巨噬細胞會取代脂蛋白以協助修復的過程，例如低密度膽固醇和那些已被氧化或退化的脂蛋白。然而，氧化的膽固醇具有毒性，會傷害巨噬細胞（註31）。巨噬細胞會將脂質包覆在它們的主體內，但如果累積到一定的程度，這些細胞的內部看起來就像泡沫一般，因而被稱為「**泡沫細胞 foam cells**」，泡沫細胞經常會因為細胞凋亡而在斑塊內死亡，它們被認為是有害的，是額外自由基的一個潛在來源（註32），隨著老化，巨噬細胞會在斑塊的核心累積，而這種累積夾帶著軟化的斑塊，因而增加斑塊破裂和心臟病發作的風險（註33）。這個病理過程的每一個階段都取決於**氧化**和**自由基**的傷害，這其中意味著身體**局部缺乏抗氧化劑**（及血管型壞血病）。

心臟病是一種受到感染的疾病嗎？

主流醫學一直以來漠視人類常見的細菌感染相關疾病，例如心臟病和胃潰瘍。然而，自自從發現消化性潰瘍是由**幽門螺旋桿菌**引起後，我們或許要認真思考一下，其他慢性疾病是否是由感染所引起的可能性（註34）。維生素 C 具有**強效抗病毒**、**抗菌**與**激勵免疫系統**的作用，因此在這樣的情況下，我們假設心臟病是可以預防或杜絕的。早在二十世紀初就有人主張心臟病很可能是一種感染性的疾病，至今這個觀點再次被正視，因為傳統的危險因素仍然無法解釋這個疾病的致因（註35）。

心臟病的感染源可能包括 A 型和 B 型**流感病毒**、**腺病毒**、**腸道病毒**、**柯薩奇 B4 病毒**和各種**皰疹病毒**（尤其是巨細胞病毒）。已知會感染血管細胞（註36）和動脈粥狀硬化區域的病毒似乎更有可能成為病毒侵襲者（註37），細菌感染與**肺炎衣原體**、**幽門螺旋桿菌**、**流感嗜血桿菌**、**肺炎支原體**、**結核分枝桿菌**和**牙齦炎**（口腔細菌）都可能牽涉其中（註38）。此外，多發性疾病病菌，例如存在於牙齦疾病中（牙齦卟啉**單胞菌**和**血鏈球菌**）和感染都會引發**急性**症狀，**導致血栓形成**（註39）。多發性菌種相互作用會使發炎惡化或改變斑塊（註40）。目前的證據指出，總體微生物的負載量與動脈感染和心臟病的發作機率有關（註41）。

感染作用會**加速發炎**破壞的過程，因為投機病毒和其他微生物會增加氧化和自由基的傷害（註42）。動脈粥狀硬化是一種感染的看法是一個科學上合理的假設，而我們可以肯定的是，如果感染會產生或導致動脈內局部慢性發炎，這樣一來斑塊就會形成。病毒和細菌感染都會使動物動脈粥狀硬化的發展惡化（註43），更重要的是，這或許與身體對病原體易感性的變化有關，然而這就關乎於身體是否有健全的免疫反應機制，特別是控制發炎的能力。

皰疹

一九七〇年代，研究人類發現一種**禽類病毒**，稱為馬立克氏病皰疹病毒（MDV）會引起**雞隻動脈粥狀硬化**。該病毒在鳥類的進展或許是間接刺激免疫系統（註44），進而產生局部的發炎反應，形成帶有纖維、增厚與的動脈粥狀硬化的變化，類似人類的病症（註45）。**不管雞隻的膽固醇高低與否**，這些雞隻的**大冠狀動脈血管**、**主動脈**都有**明顯的斑塊**，而未受到感染的雞隻則沒有大斑塊，不管它們是否有被餵食高膽固醇的飲食。值得注意的是，這些雞隻可以透過**皰疹病毒**疫苗來預防動脈粥狀硬化（註46）。

　　早在一九八〇年代，科學家開始正視動脈粥狀硬化是一種感染疾病的想法。研究人員觀察日本鵪鶉動脈粥狀硬化斑塊，他們一致發現基因對動脈粥狀硬化易感的動物其主動脈胚胎中都有皰疹 DNA，但在不敏感的鵪鶉胚胎內皰疹 DNA 則少很多（註47）。這個結果說明，基因對動脈粥狀硬化易感的禽類也許和免疫缺陷或世代遺傳下來的病毒基因有關。後來的研究指出，感染皰疹病毒的老鼠也會產生血管病變（註48），而且更容易罹患動脈粥狀硬化（註49）。

　　就**單純皰疹病毒** DNA 的觀察，它們確實存在於人類動脈粥狀硬化的斑塊中（註50）。其他皰疹病毒 DNA，例如**巨細胞病毒**也出現在人體的動脈中，而且與動脈粥狀硬化也有關聯（註51），這種病毒很可能與人類主動脈瘤（aortic aneurysms）有關（註52）。在一九九五年之前，活性病毒無法從動脈粥狀硬化斑塊中分離出來，但是經過十年的研究，它被發現與一些特定的細胞類型有關（註53）。然而，潛在的病毒可以潛伏多年，直到免疫系統無法抑制。潛在皰疹病毒伺機而動，等待人體免疫系統變弱，這是很常見的現象，特別是那些動脈粥狀硬化的患者（註54），這種**病毒**會潛藏在動脈內的**平滑肌**和動脈受損白血球細胞聚集處（註55），使用免疫系統抑制劑且罹患皰疹的患者似乎更容易罹患動脈粥狀硬化；此外，**巨細胞病毒感染**與**心臟移植患者**長期存活率下降也有關聯（註56）。**兒童心臟移植**往往因為**動脈粥狀硬化**變化而失敗，這一點則似乎與生活習慣因素為主因的看法很不一致（註57）。

　　週期性的活性病毒可能對動脈粥狀硬化的發病機制有一定程度的影響，當檢察動脈受損的年輕患者時，他們一般的動脈和早期動脈粥狀硬化病變中都存在著**皰疹病毒**（註58）。由於皰疹病毒與動脈粥狀硬化的萌生和發展有連帶的關係,因此免疫接種或許可以預防這種疾病(註59)。雖然,巨細胞病毒是以漸進式發炎反應,涉及平滑肌細胞增殖來傷害冠狀動脈,然而,使用抗氧化劑可以抑制細胞增殖,這說明了病毒擴散後的氧化壓力很可能會觸發增殖的作用(註60)。如果其中涉及多種感染原,那麼某個特定的生物疫苗則無法發揮功效,這個證據指出,**高劑量維生素 C 可以預防多種感染原**,而且效果更好。

肺炎衣原體(chlamydia pneumoniae)

大多數人所知的沙眼衣原體(chlamydia trachomatis)是一種常見性傳染病致因。許多帶有衣原體的人沒有任何症狀,也不知道自己感染了,這也是世上許多地區造成可預防性失明常見的原因。不過,就心臟病而言,我們主要探討的是另一種型式的衣原體——**肺炎衣原體**。肺炎衣原體是一種會引起**呼吸道感染**的微生物,而且與**動脈粥狀硬化**也有關聯(註61)。

它的傳染途徑是透過空氣中呼吸道分泌物的人與人傳播,各年齡層都有感染的風險,不過學齡期的兒童最為普遍。大約有一半的美國成年人在二十歲之前都曾經感染過,據估計,有百分之十的成人感染社區性肺炎和百分之十的**支氣管炎和鼻竇炎**致因是肺炎衣原體。不過,大多數感染這種微生物的人並不會產生症狀,但感染可能會突然爆發,導致常見和**重大的呼吸道疾病**,而且日後再次感染的機會仍是非常的高。

基於現有的證據,**衣原體**與**心臟病**的關聯似乎很明確(註62)。研究人員發現,年輕人的動脈斑塊比正常動脈壁出現更多的衣原體,而且還有一些證據指出,在動脈粥狀硬化早期的血液裡存在著**抗體**（註63）。此外,研究人員在動脈疾病中發現衣原體,當血液中沒有明顯抗體時（註64）。其他研究人員還發現**衣原體**和**巨細胞**這兩種病毒的抗體和早期與晚期的頸動脈粥狀硬化有關（註65）。

不過衣原體和動脈粥狀硬化的相關證據並不完全一致（註66）。如果動脈粥狀硬化是因為**長期缺乏維生素 C** 而引起的感染結果,那麼這種不一致性是可想而知的:因為有些涉及感染的個案很可能只是單純反映哪些病毒或細菌會感染組織。研究人員發現,有很高比例的心臟移植患者體內有衣原體的 DNA,而血液中**衣原體抗體**值越高可能與動脈粥狀硬化快速硬化和心臟移植失敗有關（註67）。許多衣原體與動脈粥狀硬化相關的證據讓人信服（註68）,但這並不一定表示它就是這種疾病的主要原因（註69）。

在動物實驗中,**衣原體**已被證實會**導致動脈粥狀硬化**,而**抗生素**治療則可以預防（註70）。一項以抗生素治療帶有衣原體的動脈粥狀硬化患者的初步研究指出,在一個月內,急性冠狀動脈的症狀有減少的趨勢（註71）。然而,不同於維生素 C,**抗生素對病毒成效不大**,無法減輕發炎過程,沒有直接治癒的功效。衣原體可視為一種局部氧化劑和自由基產生源,它會氧化膽固醇相關分子,這是斑塊形成一個很重要的過程（註72）,而**高劑量維生素 C** 可以預防這種氧化,保護動脈壁。

雖然我們已確定衣原體和動脈粥狀硬化的關聯,但我們仍不清楚這種是屬於致因性或偶發的感染,其中的可能性或許是缺乏維生素 C 和之前存在於血管內的損害。衣原體很可能是侵略破壞動脈最常見的感染源,因此另一種取代抗生素的方法是提供足夠的維生素 C 以刺激免疫反應，預防感染的發生。

牙周病與其他感染源

動脈粥狀硬化患者體內的皰疹和人類皰疹病毒第四型（簡稱 **EB 病毒**）的病毒抗體往往會增加，在混合感染的過程中都分別發現這些病毒（註 73）。**EV 病毒**最近被證實存在於單純皰疹和巨細胞病毒的動脈粥狀硬化斑塊中。不過，有一些動脈粥狀硬化患者的體內並沒有抗體（註 74）。

導致愛滋病的人類免疫缺陷病毒（HIV）是一種後天性免疫功能缺陷的病毒，**感染愛滋病毒的患者其罹患動脈粥狀硬化的機率會升高**（註 75）。動脈病變介於正常與成疾斑塊結構之間，一些結果指出，動脈粥狀硬化其中還可能涉及導致肺結核的結核分枝桿菌（註 76）。在動物研究與動脈粥狀硬化患者的體內都發現大量的相關的分枝桿菌蛋白，此外，在接種分枝桿菌相關蛋白的動物體內可以發現其血管壁動脈粥狀硬化的改變。

根據資料指出，斑塊中常見的微生物通常也會出現在**牙齦炎（牙周病）**中。牙齦感染潛藏的各種微生物會透過血流進入動脈。受損的動脈很快會成為這類感染源的目標，一些與牙周病相關的微生物（福賽斯擬桿菌、牙齦紅棕色單胞菌、伴放線桿菌和中間型普氏菌）往往也存在於動脈斑塊之中（註 77）。然而，研究心血管疾病和**牙周病**或死牙留置（抽掉神經的根管治療牙齒）之間的關聯性已無可置疑（註 78）。目前研究指出齒科與口腔細菌或毒素（如汞）可能會增加動脈粥狀硬化的風險，有鑑於此，但維生素 C 皆可提供抗菌、抗病毒、解毒（重金屬）與抗發炎的全效性功能。（註 79）。

附錄：牙周病與根管治療後牙齒（中毒）防治 A、B、C

　　根據統計：在文明國家中 90% 的人口有牙周病的問題，多數人已罹患牙周病而不自知。有關為何牙醫無法有效治療牙周病，利維醫師指出：觀察中重度牙周病患者牙齦切片顯示，牙齦組織中找不到任何維生素 C 成份存在（健康的人體組織與免疫系運作皆含有一定存量的維生素 C 否則會逐漸陷入壞血病的狀態），這證實牙周病即是口腔型壞血病的表現，這也解釋了為何牙周病患者必須忍受無止盡的發炎、膿腫、感染、牙齦萎縮、牙根曝露、腐壞，最後患者失去所有的牙齒，這也是常期吸煙者與古典壞血病患者所必須經歷的臨床症狀。

Ascorbic 足量補充維生素 C 才能治好牙周病與牙齦發炎

　　利維醫師（Dr. Tomas Levy）指出若要根治牙周病，病患必須積極補充維生素 C（與其他抗氧化劑），牙周病發炎的嚴重程度或根管治療牙齒的數量與體內維生素 C 的半衰期（halftime）成反比，即數量越多發炎越嚴重，體內的維生素 C 半衰期越短，除非腸胃道狀況不佳，患者通常需要補充非常大的劑量才會呈現軟便（飽和）的情形。半衰期極短者（或少數腸胃道不適者）則需使用微脂粒劑型或進行靜脈注射，以達到快速療癒的效果（患者可預估每顆感染的根管治療牙齒約耗損掉內服劑量 4000mg 的維生素 C）。除此之外，患者應準備沖牙機一台，將濃度 3% 的雙氧水以 5 倍的淨水稀釋，沖洗牙齦與齒縫，每日數次，初期兩週之內牙齒局部可能會增加出血量，但持續兩週之後出血量即逐漸減少，患者也會觀察到牙齦顏色逐漸由暗紅轉為粉嫩，並長出新生的組織。

Brushing 自製抗發炎、防牙齦萎縮漱口水、牙粉或牙膏

　　將 2/3 匙的粉狀維生素 C 與 1 匙的食用級無鋁小蘇打充份混合後，即可做為刷牙用牙粉（因混合劑易受潮，建議一次用完）。加入適量的植物油混合至膏狀，即可做為牙膏使用。使用時透過唾液催化進行酸鹼中合釋出柔細二氧化碳泡沫可達到極佳的清潔、殺菌、美白效果。額外滴入薄荷、丁香或牛至精油可加強護理之功效。每日刷牙數次，可提高改善效果，市售牙膏通常含有多種不當的化學物質，不建議使用。以相同比例加入 30cc 淨水，即可做為漱口水使用，漱口 10 ～ 15 分鐘。

Coconut oil 執行油漱療法

　　油漱法已在古老印度阿蘇吠陀療法中延用上千年，其目的在進行口腔的徹底清潔，植物油（椰子油、亞麻仁油或玄米油等）20 ～ 30cc 漱口 15 ～ 20 分鐘後吐掉，每日數次。根據近代科學研究顯示，透過脂肪酸與唾液的充份混合使之產生「皂化」的作用，以脂肪酸分解細菌的脂質外膜進而達到清潔與殺菌的效果。牙周病患者的口臭可選擇使用含較多天然維生素 E 成份的玄米油。椰子油中的月桂酸則是強效的天然黴菌殺菌劑，適合念珠菌感染患者使用。

資料來源：德瑞森莊園自然醫學中心

維生素 C 和其他抗氧化劑可以預防心臟病

　　人類血管斑塊內的維生素 C 和 E 含量可能比健康動脈還要多，不過，在斑塊中，維生素 **E** 和輔酶 **Q10** 都已被氧化（註80），這些抗氧化劑需要不斷重新供應電子以預防自由基的破壞（註81）。正如卡斯卡特博士指出，有效治療疾病的抗氧化劑方法需要大量攝取維生素 C 以供應抗氧化電子。在斑塊發炎的情況下，正常的新陳代謝不足以提供這些失去的電子，而且很少有膳食抗氧化劑可以提供這些組織無限的抗氧化電子——除了提供源源不絕的維生素 C（動態補充 dynamic flow）。原則上，處於氧化狀態的斑塊可以透過供應足夠的維生素 C 量來改善（註82）。

一氧化氮的重要性

　　之前我們提及，一氧化氮（NO）可與維生素 C 共同維護血管的健康，而當合成一氧化氮這種小分子的功能受損，很可能就是導致動脈粥狀硬化的第一步（註83），它是由**精胺酸**和**一氧化氮合成酶**催化反應而來，此外，一氧化氮的生成還涉及維生素 B_2（核黃素）和 B_3（菸鹼酸）（註84）。一旦形成，一氧化氮會經由血管**內皮細胞膜**擴散進入**動脈平滑肌**，有助於控制血管的擴張力。

　　在氧化的情況下，過氧化物會取代一氧化氮而產生（註85）。過氧化物也是在發炎（白血球細胞啟動發炎症狀以釋放過氧化物）的過程中產生，而且會**抑制一氧化氮生成**，阻止局部動脈壁**放鬆**和**擴張**。隨著**發炎**症狀的發展，過氧化物會直接促使局部**血管收縮**，進一步對抗一氧化氮的作用。然而，**高劑量**維生素 **C** 可以預防這種動脈的氧化傷害，並且修復一氧化氮有益的作用（註86）。

一氧化氮是許多正常和疾病過程的核心部分，包括**發炎、感染**和**調節血壓**。一氧化氮的作用就像一些氧化還原的活性物種，取決於局部組織和所處的環境。過多的一氧化氮會導致血管細胞反常，殺死細胞，產生自由基傷害。當血液供應不足時，異常**過高**的一氧化氮值會造成腦部細胞受損。相反的，內皮細胞釋放一氧化氮擴張血管，可以減少因血流量缺乏的缺氧傷害（註87）。一氧化氮含量低的組織或對其作用敏感度減少，會使血管**擴張力受損**，進而**增加動脈粥狀硬化**疾病生成的機率（註88）。在動脈粥狀硬化**末期**，血管產生的**一氧化氮會更少**，這可能和氧化的膽固醇和其他自由基的存在有關（註89）。

高劑量抗氧化劑，特別是維生素 C 是一氧化氮保護血管的必需物質，尤其是具有動脈粥狀硬化傳統危險因素的人。一氧化氮可以抑制發生在動脈粥狀硬化中血管壁內平滑肌細胞的增殖，在動脈壁發炎的情況下，組織氧化值會升高，一氧化氮產量或許很高但不能發揮效果。**休克**、廣義的**發炎**和細菌病毒都會**增加一氧化氮的合成**，並且引起**低血壓**。早在六十年前，克蘭納醫師就已經指出足夠的維生素 C 可以預防這種病理現象。一些抗氧化劑似乎可以抑制自由基，並且**調節一氧化氮在血管中的功能**。這些抗氧化劑包括維生素 C 和 E（註90）、α-**硫辛酸**（註91）、**輔酶 Q10**（註92）、**穀胱甘肽**（註93）、過氧化物歧化酶（**SOD**）（註94）、**硒**（註95）和**槲皮素**（註96）。不過，維生素 C 在於驅動這些其他抗氧化劑的作用則**是獨一無二的**（註97）。

抗氧化劑群雞尾酒療法

眾所皆知的每日五蔬果是著重在增加**抗氧化劑**和**植物化學素**（

phytochemicals）的攝取量，這個建議很可能是以達到傳統每日建議攝取量（RDA）所需的維生素 C 量為主。不過，這個建議說好呢可能只是**造成誤導**，說壞呢則是營養素根本不足以提供身體所需。每日五蔬果最大的問題在於這個攝取量明顯**不足以提供**人體所需或耗損的抗氧化劑，以彌補現代飲食中速食和異常脂肪的缺陷。過去半個世紀，**蔬菜中的營養素已大量流失**，因為品種改良、儲存方式和防腐劑，這其中也可能是因為密集耕種和化學肥料（有機食品通常含有更多的營養素）。政府的建議量似乎沒有考量食物營養成分流失的問題，其中包括**大量的維生素 C** 和其他類的營養物質（尤其是多種礦物質）。

高劑量維生素 C 和其他抗氧化劑是唯一的解答。高劑量維生素 C 可以抑制動物體內動脈粥狀硬化，即使處於**高膽固醇**〈編審註：LDL 會隨著血管斑塊行程而製造，是身體嘗試修復血管壁的機制〉的狀況。人類流行病學和臨床試驗已證實抗氧化劑的好處（註98），例如**槲皮素**缺乏可能會增加死於心臟病發作的機率（註99）。**α-硫辛酸**對受損的動脈壁具有**強效的抗發炎作用**，以及**誘導一氧化氮產生**（註100）。然而，有關人類的研究一般都使用低劑量和不適當的抗氧化劑補充劑，因而造成相互矛盾的結果（註101）。

維生素 C 可以驅動無數其他抗氧化劑的性能，例如 **α-硫辛酸**、維生素 **E** 和輔酶 **Q10**。這個簡單的維生素是抗氧化劑網路的**核心**，可以保護身體免於受損和生病。根據萊納斯・鮑林和其他人的早期研究，抗氧化劑雞尾酒療法就是以維生素 C 為主的分子矯正療法而來。

預防心臟病似乎每日最少需要 **3 公克**的維生素 **C**。在一般情況下，我們應考慮攝取高品質的正分子複合維生素，然而，額外的膳食抗氧化劑也會有所助益，例如維生素 **E** 和**硒**等。具有高風險的人可以酌量增加維生素 C 攝取量和特定的抗氧化劑，而最有效的額外抗氧化劑似乎是**天然生育醇維生素 E** 與 α - 硫辛酸，這些都是保健食品商店中隨處可見的抗氧化劑。鮑林博士和其他人還提出其他的胺基酸，例如**賴胺酸**（lysine）、**脯胺酸**（proline）、**精胺酸**（arginine）和**瓜胺酸**（citrulline），這些物質的毒性很低，有助於維生素 C 預防動脈發炎的效果。

預防心臟病的抗氧化劑雞尾酒療法包括以下的營養補充劑：
- 維生素 C，達到或接近腸道耐受力（6 公克以上）
- 賴胺酸，3-6 公克
- 脯胺酸，0.5-2.0 公克
- 精胺酸，3.5 公克
- 瓜胺酸，1.5 公克
- 天然生育醇（維生素 E），2 公克
- α - 硫辛酸，300-600 毫克

要移除現有的動脈粥狀硬化斑塊和使心臟病患者回復到健康狀態遠比預防該疾病更為艱難。這些建議維生素 C 劑量對臨床效益可能還是不足，而卡斯卡特博士提出的**腸道耐受力劑量**（吃到拉肚子）可能更為合適（見第三章）。維生素 C 劑量的效果因人而異，每日可能介於 **10 至 30 公克**之間。在現存的疾病情況下，若要達到斑塊縮小至少需要**六個月**抗氧化劑雞尾酒療法的治療，而完全逆轉則可能需要**兩**到**三年**的時間〈編審註：此雞尾酒療法若加入足量的 Ω3（抗發炎、

抗凝血）和 B$_3$（菸鹼酸協助降低 LDL，提升 HDL，並擴張血管。）則有助於患者大大縮短療癒所需的時間〉。然而，即使是動脈粥狀硬化晚期的患者仍然可以藉此使斑塊穩定和減少，進而預防心臟病發作和中風。

維生素 C 是關鍵因素，不管心臟病是因發炎、感染、氧化、脂肪或不良生活方式所引起的，這種單一維生素可以預防病理的核心環節。有許多因素會引發動脈壁輕微局部損傷，例如**營養不良和高血壓**。**慢性感染**似乎會促進動脈粥狀硬化的發展：雖然它或許不會造成初期的病變，不過**感染**會助長局部發炎加速斑塊發展。體內任何局部受損所引起的發炎是微生物拓殖的機會，而微生物的作用可能是感染、增生和促使斑塊較一般情況更快破裂。

免疫系統運作良好且攝取高劑量維生素 C 的人，可能具有顯著的優勢免於受到心臟病的摧殘。心臟病最終很可能是一種**感染**的疾病，當維生素 C 不足以修復動脈受損時，局部區域就會受到感染。**維生素 C 補充**劑可能是增強免疫系統最簡單的方法，以預防**動脈粥狀硬化和中風**。預防血管受損和促進組織修復需要高劑量維生素 C，而動態補充維生素 C 值可以預防感染。隨著越來越多的證據顯示，**缺乏維生素 C 似乎越來越有可能是心臟病的終極原因。**

好消息是，補充足夠的抗壞血酸就是最有效的治療方法。

第**6**章
傳染病

"Do not let yourself be tainted with a barren skepticism."

「別讓無知的言論動搖你的信念。」

——路易斯・巴斯德（Louis Pasteur）

　　網站 Doctor Yourself.com 一位讀者傳達他在幾年前，一個星期一早晨發燒高達 **102**℉（39℃）的故事，而且他還是那種很少生病的人。當時他立即採取每小時攝取一次 **10 公克**（10,000 毫克）維生素 C 的做法，期望能快速達到腹瀉的狀態。然而，儘管已攝取這麼高的劑量，第一天他並未達到腸道耐受力。第二天，他增加劑量至**每小時 15 公克**，兩天後，他仍然覺得不舒服，他很努力把一整瓶維生素 C 都吃光了（250 公克）。他想採取靜脈注射方式，但是他感到身體虛弱，且附近的醫生沒有提供這種療法。他漸漸感到苦惱，因為無法產生腹瀉。到了星期五，一位朋友帶他去當地醫院，以確保他不是病得很嚴重，醫院建議他馬上住院，但無法提供立即的診斷。他拒絕醫院的建議，回家繼續服用大量維生素 C，到了星期六晚上，他燒退了，而且大量出汗。之後他去看內科醫生，醫生說他非常健康。

　　兩周之前，這個男人接到衛生署緊急電話，三個和他住過同一家飯店的人有類似的症狀。每個人都去不同的醫院，幾天後都宣告死亡，病因為退伍軍人症，這是一種罕見的肺炎，可能因吸入微小內含軍團桿菌的污染水滴（註1）。嚴重退伍軍人症的總死亡率高達百分之十至三十（註2），而且有百分三十至五十的患者需要進加護病房照顧（註3）。經過血液測試後，全國退伍軍人症研究專家之一證實該名男子的疾病是屬於致命型的退伍軍人症。醫生最初懷疑結果的可信度，因此經過第二次測試再次證實。那位醫生似乎很驚訝於那名男子可以存活下來，隨後宣稱應該不太可能是維生素 C 的關係。在這種情況下，有一些醫生堅決認為這種相當不科學所產生的維生素 C 效益結果不足以採信。在這個案例中，醫生並沒有直接的證據足以發表這樣的聲明。然而這位病人已經完全明白為何沒有達到腸道耐受力，即使攝取了這麼大量的維生素 C。

肺炎

關於維生素 C 在退伍軍人症的療效奇聞很吸引人，不過，根據報告，維生素 C 也是更常見的肺炎一種有效治療方法。在此，我們用肺炎代表大多數人宣稱維生素 C 可以有效治療或甚至治癒的感染疾病（註4）。

重症的預防顯然比治療來得容易許多，在支氣管炎或肺炎尚未發病之前，立即每小時攝取克級劑量維生素 C，直到達到飽和量，往往很容易可以抑制病情。 卡斯卡特博士主張**每日**以 200,000 毫克（**200公克**）以上的維生素 C 來治療肺炎，通常是採取**靜脈注射**的方式（肺炎是一種重大疾病，需要立即找合格的醫師就醫，同時，抗壞血酸納靜脈注射只能經由醫生執行）。人們可以透過頻繁口服大劑量維生素 C 來模擬這個過程，當本書作者之一（安德魯索爾）得到肺炎時，他**每 6 分鐘**就服用一次 **2,000 毫克**的維生素 C，直到達到飽和量，他的**每日攝取量**超過 100,000 毫克（**100 公克**）。他的發燒、咳嗽和其他症狀在幾小時內明顯減輕，並且在幾天之內就完全恢復。這種效果相當於抗生素，只不過抗壞血酸更為安全與便宜。

早期維生素 C 先鋒運用大量維生素 C 來治療呼吸道和其他感染，所以這並不是一個新的想法，克蘭納和麥考密克博士從一九四〇年代開始就成功地運用這個方法長達幾十年。臨床報告一再證實，**當劑量足夠時，維生素 C 具有強大的抗菌抗病毒作用。**

維生素 C 可以單獨使用，或者也可以與常規的藥物配合使用，

如果有此選擇的話。然而，目前的處方藥物和常規治療有許多令人
詬病之處，因為每年全美大約有七萬五千人死於肺炎（註5）。正統醫
學從未嘗試應用大量維生素 C 在肺炎或其他感染上，不過，就那些
正面的臨床報告和每年斷送的生命而論，我們是沒有理由拒絕這種療
法。

愛滋病和其他病毒性疾病

　　足量的維生素 C 已被認為是病毒感染最有效的治療方法，從普
通感冒到小兒麻痺症等，一個特別有效的案例是由早期愛滋病研究所
提供。正如預期一樣，卡斯卡特醫生是第一位報告攝取維生素 C 可
以大幅扭轉典型**愛滋病患**者的病情（註6），他指出一群大約有**九十位**
的愛滋病患者自行服用高劑量維生素 C；另外再加上他的十二位愛滋
病患者，其中有六位接受**靜脈抗壞血酸注射**治療，報告中提到，維生
素 C 攝取量與症狀的反應成正比，其中只有一位患者死亡，而這位
患者生前做過全身放療和化療（或許是因為癌症），再加上他的血管
因之前的治療嚴重受損，所以無法施行靜脈抗壞血酸注射。澳洲醫師
伊恩‧布萊德荷伯（Ian Brighthope）複製卡斯卡特博士的作法，在
一九八七年他出版《抗愛滋鬥士》（AIDS Fighters）一書，書中他指
出「我們那些持續使用維生素 C 和營養計畫的愛滋病患者，至今沒
有一個人因此死亡」（註7）。

　　即使在抗逆轉錄病毒藥物尚未問世之前，正統醫學從未考慮將維
生素 C 列為治療愛滋病的一種療法。當時沒有臨床試驗，所以醫師
的報告被忽略或邊緣化，二十年後，主張使用維生素 C 已成了一種

政治上的爭議。在非洲，那裡的人們負擔不起正規專利的藥物療法，而使用基於維生素 C 的治療法則備受抨擊，因為提不出臨床證據（註8）。「在一個前所未有的行動中，世界衛生組織、聯合國和南非一個提倡藥物治療的愛滋病活動小組，聯手反對超過每日建議攝取量的維生素療法，特別是維生素 C 的劑量，他們認為這『遠遠超出安全的標準』」（註9）。

卡斯卡特博士建議嘗試以維生素 C 來治療新興致命性病毒疾病如**伊波拉**（Ebola）病毒，因為目前並沒有有效的治療方法。伊波拉病毒出血熱的死亡率高達**百分之六十至八十**，所以，如果你得到這種疾病，很可能會因此死亡。卡斯卡特認為伊波拉病毒和其相關症狀會誘發急性壞血症，所以應嘗試為這些患者施行**靜脈抗壞血酸注射**。他留意到第一位從另一種新興病毒型出血熱疾病——**拉沙熱**（Lassa Fever）康復的人曾經服用維生素。儘管目前沒有有效的治療方法，正統醫學至今仍未嘗試注射大劑量的抗壞血酸鈉療法，然而，這或許是當前可用的唯一有效治療方法。

劑量、服用頻率和持續性

克蘭納博士使用的維生素 C 補充劑**治療**標準是以每 **1 公斤**體重每日要攝取 **350 毫克**計算（註11）。以下為維生素 C 攝取量簡表：

在細胞分子矯正醫學上，這些都是溫和的口服劑量。克蘭納博士實際上使用的劑量大多是這些劑量的**四倍**以上，而且通常是採用抗壞血酸鈉注射液，他建議日常**預防**的劑量為以上治療劑量的**五分之一**（即每公斤 70 毫克），並且一日分開四次攝取。

維生素 C 補充劑治療標準			
體重	每日維生素C劑量	次數	每次劑量
100 公斤	35,000 毫克	17-18	2,000 毫克
75 公斤	26,000 毫克	17-18	1,500 毫克
50 公斤	18,000 毫克	18	1,000 毫克
25 公斤	9,000 毫克	18	500 毫克
12.75 公斤	4,500 毫克	9	500 毫克
7 公斤	2,300 毫克	9	250 毫克
3.5 公斤	1,200 毫克	9	130-135 毫克

　　攝取量足夠時，維生素 C 有**抗組織胺藥**、**解毒劑**、抗生素和**抗病毒**的特性。它的性質和安全性不會隨著劑量改變而產生變化，但功效卻有直接的關係。如果從紐約開車到阿爾伯克基需要五十加侖的汽油，那麼不管你怎麼努力嘗試，就是不可能十加侖汽油就可以辦到。同樣的，如果身體需要 35,000 毫克維生素 C 來對抗感染，7,000 毫克就是無法發揮功效。**關鍵在於攝取足夠的維生素 C**，經常攝取足夠的維生素 C，長時間攝取足夠的維生素 C。

　　劑量、**頻率**和**持續性**是細胞分子矯正醫學有效利用維生素 C 對抗感染的三大關鍵。許多人都抱持這種「單一維生素不應該攝取太多」的看法，的確，你不一定非要如此不可——每個人都有生病的權利，如果這是他們想要的結果。然而，如果你想要迅速復元，並且採用維生素 C 療法，那麼你就要有效地使用：達到腸道耐受力的劑量。與其攝取我們認為身體需要的劑量，我們更應該直接攝取身體真正所需的維生素 C 劑量。

重點是，像經驗豐富的卡斯卡特博士已使用過**每日高達 200,000 毫克**的劑量，並且安全無虞。維生素 C 過量最主要的副作用是明顯的腹瀉，這表示已達飽和量，這時每日最高劑量要降低至不會造成腹瀉的劑量，而這個攝取量大多是治療標準的劑量。

臨床成功案例

一九七五年，卡斯卡特博士報告過去三年來，他以大劑量維生素 C 治療超過二千位患者（註12）。他指出在急性病毒疾病方面有相當大的成效，並且建議以臨床試驗來證明他的觀察。遺憾的是，這些大劑量的臨床試驗並未執行。一九八一年，他記錄另外七千位曾經接受這種治療的患者，而且顯著扭轉多種疾病的進展。於是從那時候起，他持續治療成千上萬的患者，且都有類似正面的結果。

卡斯卡特博士指出，在他嘗試的大劑量維生素 C 療法中顯少有狀況發生，大多數的患者也很少有不適應症，這一點也被其他使用高劑量抗壞血酸治療法的醫生所證實（註14）。少數的投訴為脹氣、腹瀉或胃酸，這些個案來自一些健康的人因服用大劑量維生素 C 而產生的症狀，很少出現在生病的人身上。

當維生素 C 的劑量低於腸道耐受力時，其對疾病的過程往往發揮不了作用，然而，接近腸道耐受力的劑量可以大幅減輕症狀。卡斯卡特博士形容維生素 C 這些劑量在臨床上的效果是非常的顯著，彷弗已經到達到一個臨界值（註15）。在高劑量的情況下，他的患者體驗到一種健康的舒適感，認為這是一種意外的收獲，這種健康的感覺顯示並無明顯的副作用存在。卡斯卡特博士報告在重大疾病中，例如**病毒型肺炎，維生素 C 的效益是非常顯著**，他記述該症狀是完全停止。無論是作為安慰劑效應或是醫生部份的自我欺騙，這種強大的影響力實在是令人難以拒絕。

重要的是，從維生素 C 的劑量反應看來，疾病症狀的好壞可以透過劑量來調整。研究人員發現，如果體內維生素 C 值變低，病症和急性疾病的症狀，如肺炎會復發。症狀好轉或惡化與維生素 C 劑量多少的這個過程是一項重要的觀察，因為這意味著患者要自行實驗對照。作者以普通感冒做這個實驗後發現，大劑量抗壞血酸往往有顯著的舒緩作用，並且減輕因感冒而引起的「虛弱感」。

定時定量至腸道耐受力對那些願意採取大量維生素 C 的人並無任何困難，然而，如果病情嚴重或患者無法口服大劑量，那麼可以採取抗壞血酸鈉靜脈注射法，**透過抗壞血酸靜脈注射的臨床效果更為顯著**。

其他使用高劑量維生素 C 的醫生和研究人員的報告結果與卡斯卡特博士的臨床報告一致，這些報告指出，高劑量維生素 C 的效果通常很顯著，而且病情嚴重的患者恢復的速度很快。澳洲醫生阿爾奇‧卡洛卡利諾斯（Archie Kalokerinos）描述一些**重度休克**的兒童，在對治療毫無反應且即將瀕臨死亡之際，在經過大劑量維生素 C 治療後，**短短幾分鐘之內就恢復**（註16）。或許是醫療機構忽視這個重大的發現，要不然就是多個獨立醫師各自報告其顯著的影響，因而使得這個特定維生素就是得不到任何實質的認可。

　　最近幾十年來，許多醫生分別提出高劑量維生素 C 在治療感染病上有驚人反應的報告，他們使用的劑量大約是主流醫學的一**百倍**，然而醫療機構卻從未以科學的方式來測試這些劑量。

臨床成功案例（台灣地區）

癌症

肺腺癌末期完全療癒—澎湖**陳麗妍**　　大腸直腸癌末期療癒—嘉義**林倚光**
子宮頸癌末期療癒—台北**劉瓊惠**　　骨肉癌大逆轉—台中**陳建舟**

自體免疫

逆轉嚴重類風濕關節炎—雲林**趙名仔**

過敏

迅速療癒嚴重皮膚過敏—台中**簡麗秋**
迅速療癒嚴重脂漏性皮膚炎感染—台中**張今濃**

動脈粥狀硬化

逆轉動脈硬化免裝支架—台中**謝河興**

心絞痛（汞中毒）

根治心絞痛除汞預後解毒—台中**邱瓊斐**

中風

嚴重中風迅速復元—台南**李宸陽**（陳太太）
以上療癒案例份享內容請至「Youtube」搜尋分享者

資料提供：
德瑞森莊園自然醫學中心
聯絡電話：04-23786268　　　　網站： http://www.lohastaiwan.com
地址：台中市西區五權五街 48 號　　　　http://www.celllife.com

第7章
維生素C攝取量

"What makes ascorbate truly unique is that very large amounts can act as a non-rate-limited antioxidant free radical scavenger."

「超高劑量的抗壞血酸可作為一種無上限的自由基清除劑，這就是它真正的獨到之處。」

——羅伯特・卡斯卡特（Robert F. Cathcart III）

　　許多細胞分子矯正醫學專家都以「每日荒謬攝取量」（Ridiculous Dietary Allowance）之名來戲稱每日建議攝取量（RDA——Recommended Dietary Allowance）（註1）。官方維生素 C 的每日建議攝取量其背後的理念是預防壞血病，但卻忽略越來越多的證據顯示，高劑量維生素 C 可以維持最佳身體健康狀態。RDA 是以個別需求差異不會太大而推論出來的普遍性假設，因此，RDA 並不包括病人、老人或其他需要大劑量的人的需求。擁有足以預防壞血病的維生素 C 含量，意味著足以合成膠原蛋白以提供人體最低限度的結構完整性。然而，這種在短期內可以預防生病和死亡的攝取量，根本就談不上是預防疾病的最佳攝取量，只攝取 RDA 量的人們可能會因為長期維生素 C 攝取不足而危及健康。

　　多年來，維生素 C 最佳攝取量一直是爭議的核心問題，科學家們至今仍不確定若要達到最大的健康效益，一個人所需的量到底是多少。幸運的是，最近的研究已使得這個營養的黑暗角落逐漸明朗化，其中一個混亂的因素是每個人都是獨一無二的生物體，我們很難制定一個單一的攝取量來涵蓋大眾的需求。第二個因素是年齡和個人的健康狀況。有些健康的人，其維生素 C 耐受力可能只有幾公克（2,000毫克），不過，當生理受壓時，耐受力可能會提高至五十倍或甚至一百倍。

每日建議攝取量之限定誤差

　　每天幾毫克的維生素 C 可以預防急性壞血病。就短期而言，一個人攝取這麼少量的維生素 C 可以確保不會因為壞血病而生病或死亡，因此，這點就成為人們每日只需要微量就可以保有健康的論據，因為預防這個缺乏症只需要微量的抗壞血酸營養素，而且它又被歸類為維生素 C。

當時並沒有令人信服的證據顯示人們需要高於毫克的劑量，一九九○年代，美國國家衛生研究院（NIH）馬克・萊文（Mark Levine）博士指出，一個健康成人每日攝取維生素 C 量若低於 200 毫克將造成血液維生素 C 值不足的現象。萊文博士透過給予醫學院自願學生不同劑量試驗後指出，**人體會試圖維持血液的維生素 C 最低值**（血漿維生素 C 濃度在 60-80 μM/L）。**如果攝取量低於這個標準，腎臟中的細胞分子輸送幫浦會再次吸收維生素 C，以防止從尿液中流失**。這些分子輸送幫浦很有效率：它們可以在一至六個星期沒有維生素 C 的情況下，才將血液的維生素 C 濃度降低至原來的一半。在維生素 C 不足的時候，這些分子是預防急性壞血病很重要的關鍵。

美國國家衛生研究院指出，每日要攝取 200 毫克的維生素 C 以保持血液濃度，除了血漿濃度外，萊文博士還測量白血球細胞中的維生素 C 值。這些細胞的外膜有分子輸送幫浦，類似腎臟的分子輸送幫浦。**白血球**細胞比起周圍透過分子積極吸收的血漿可以累積更高的維生素 C 濃度，萊文博士發現，白血球細胞攝取維生素 C 的靈敏度比血漿差，事實上，和血漿相比，白血球細胞只需要一半的維生素 C 攝取量（100 毫克）就可以達到抗壞血酸的濃度，RDA 就是採用這個數值，而且從表面上看來，至少這個新準則似乎是合理的，然而，我們還要進一步研究這個議題。

人體有兩道防線對抗壞血病。第一道是腎臟的輸送幫浦以保留人體維生素 C 最低值，不過有些組織，例如**大腦、腎上腺和白血球細**

胞對維生素 C 的流失就比較敏感，這些細胞對維生素 C 有特定的基本需求量，因此它們有特殊的維生素 C 輸送幫浦，使它們得以維持比其他組織更高的維生素 C 濃度。當維生素 C 缺乏時，這些組織會保持其內部高維生素 C 濃度，因而造成其他不甚敏感的組織和血漿維生素 C 濃度不足。當一個人失去維生素 C 時，雖然那些最需要的關鍵細胞和組織會受到保護，不過他們體內大部份的組織會因此變得不足，到最後，當這些主要的組織都嚴重缺乏時，人體就會陷入重大疾病，而且可能足以致命。

　　根據一些特別的組織來制定每日建議攝取量是一個嚴重的錯誤，例如白血球細胞（註 2）。一個人如果根據這個建議每日攝取低劑量的維生素 C，那麼他體內大部份的組織很可能會缺乏維生素 C。事實上，血漿維生素 C 的濃度往往低於維生素 C 的腎閾濃度〈編審註：腎閾指的是該物質開始在尿液中出現時的血漿濃度。〉，倘若萊文醫生以紅血球細胞取代白血球細胞做測試，結果很可能他所提出的建議攝取量就會完全不同。紅血球細胞比白血球細胞更多，且對維生素 C 沒有特定的使用用途，每日攝取 100 毫克並不會使紅血球細胞的維生素 C 含量達到「飽和」，不過，如果我們攝取更多，紅血球細胞就會持續吸收。壞血病對紅血球細胞的影響比白血球細胞更快，它們更適合用來作為每日建議攝取量的評估標的，因為它們與大多數的人體組織類似。基於紅血球細胞推論的每日建議攝取量可以預防早期壞血病的徵兆，因此，如果科學家需要一種容易測試的組織以確定人體最佳攝取量，那麼紅血球細胞會比白血球細胞更為適合。

規避風險的專家

五十多年來，各國政府都認為有必要為國民提供營養指南，不幸的是，他們的參考數據不足，對許多營養素無法做一個詳盡的論據，特別是維生素 C。各國政府尤其不擅長承認自己的無知，並且通常選擇那些支持現狀的科學家們成立委員會。此外，這些委員會的科學家們或許覺得他們行事要保守，與其做出潛在健康效益的客觀評估，不如偏向安全的建議攝取量，只要達到個人不會罹患急性壞血症的風險就好。

由於建議的是最低劑量，政府就要面臨國民攝取量嚴重不足的風險，健康的人每日攝取幾毫克並不會因此死亡或罹患急性壞血病。每日攝取 40 至 60 毫克，特別的組織內部如**大腦和白血球**細胞或許仍維持在最高濃度，因此，相當保守的英國政府科學家們就制定成人每日膳食維生素 C 參考攝取量（DRI）為 40 毫克（註3）。他們的目的大概是小心為上策，以避免更高劑量而中毒。（然而，目前並沒有證據顯示維生素 C 有這種效應）美國食品營養委員會也是基於預防急性壞血病的需求量來制定每日建議攝取量（RDA）。這些 RDA 排除有特殊需求的人，例如老人、病人或有壓力的人，而是適用一般大眾。

官方制定 RDA 或 RDI 的目標是將攝取量不足和毒性的風險降到最低。既然高劑量維生素 C 幾乎沒有危險性，因此，我們原本預期其建議量應是基於潛在效益而定。然而，在荒誕官僚邏輯的世界中，效益作用往往被排除在必要分析條件之外。當前的建議攝取量主要是基於風險分析，而非基於現有的詳細資料而制訂。風險分析有助於我們瞭解環境中有毒物質的危險性，但用在考量生活必需物質時則不適用。這樣的建議量分明是對高劑量有偏見，就因為理論上它們可能有某種不知名的危險性。

科學和常識指出單一劑量的維生素 C 每日建議攝取量，或其他維生素對大眾而言似乎不太足夠。人類具生物多樣性，這意味著有些人的需求遠遠超過建議量的劑量。這種變化需求可能發生在單一個體，例如因生病或年齡而需要改變。

政府制定的數值並未考慮到長期缺乏的影響，就算一天攝取幾次建議量都可能會有慢性疾病，例如，**動脈粥狀硬化和心臟病**很可能是**慢性亞臨床壞血病的結果**（註4）。政府單位並沒有證據顯示慢性疾病不是他們提出低建議量所造成的結果，要調查長期缺乏維生素 C 的影響很困難且昂貴，少了這些證據，我們只能依靠專家的意見。然而，如果亞臨床壞血病會導致慢性疾病，那我們終將承受低劑量所造成的後果。如果政府願意承認他們的建議劑量存在著不確定性，那麼人們至少可以為自己做出決定。

影響維生素 C 吸收的因素

萊文博士希望能夠採用生物化學來解決維生素 C 需要量的問題，他指出維生素 C 需要量可以透過實驗發現（註5）。他的想法是藉由找出多少劑量被吸收或排出體外來推算最佳攝取量——維生素 C 攝取太多則人體無法吸收，或者會馬上排出體外。

當時，科學家們並不太瞭解維生素 C 如何在體內循環運作。有一些關於健康年輕成人的資訊顯示，維生素 C 在他們的腸道內很快就會被吸收（註6），幾乎所有的低劑量都被吸收，大約在 60 毫克以下（註7）。絕對吸收量隨著劑量增加，但是漸進式的：**180 毫克單劑量吸收率達百分之八十至九十；一公克**則降低至百分之**七十五**；1.5 公克為百分之**五十**；6 公克為百分之二十六；12 公克為百分之十六（註8）。12 公克單一劑量中只有 2 公克會被吸收，因此提供攝取量限制可能是出於單一劑量。相反地，只有微量的低劑量排泄量不變。隨著劑量增加，更多的維生素 C 排出體外，因為腎臟可以保留的腎閾值有限。

美國國家衛生研究院提出健康年輕男性的每日建議攝取量為 200 毫克，不久後，萊文博士對於健康年輕婦女也得到類似的結果。在一系列有影響力的論文中，他提到維生素 C 的吸收量、血液濃度和排泄量（註9）。這些論文成為目前政府建議量的核心證據，美國國家衛生研究院指出，每日攝取 200 毫克已達身體的「飽和」量。根據這個觀念，增加劑量並不會使血液維生素 C 濃度維持在高於 60 至 70 μM/L 之上，而且絕大多數的高劑量並不會經由腸道吸收。很明顯的，這是一個錯誤，因為重複口服劑量的血液維生素 C 持續濃度至少可以達到政府聲稱的最大濃度三倍以上。

正如之前提到，維生素 C 並不局限於血漿，而是有選擇性地運送至一些特殊的組織，包括大腦、白血球細胞和腎上腺（註10）。這些生存必要的細胞和器官以這種方式得到保護，因此對維生素 C 和抗氧化的保護力需求比一般更高（註11）。以白血球為例，它之所以對維生素 C 有特殊需求是因為要對抗感染。**這些白血球細胞的壽命很短，而維生素 C 的含量則左右它們的生命周期。**不過，這些組織的分子輸送幫浦會確保在不足的情況下，仍然維持內部高濃度的維生素 C 含量。

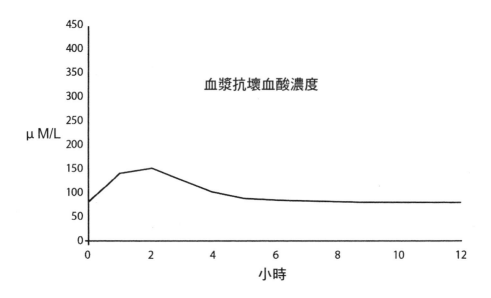

▲單一 1,250 毫克維生素 C 劑量耗盡時所顯示的血漿濃度反應曲線

　　當每日維生素 C 攝取量在 100 至 200 毫克之間時，特殊組織會累積比一般組織更高的濃度以預防壞血病。萊文博士建議每日攝取量為 200 毫克，另外他還補充說明，每日攝取超過 400 毫克並無任何額外的助益。然而，這個建議攝取量會導致體內大多數組織處於一個維生素 C 枯竭的狀態。此外，若要維持最高的**血漿維生素 C 濃度值**，每日至少要攝取 **18 公克以上**的維生素 C（註 12）。

細胞分子輸送幫浦與維生素 C

　　維生素 C 或抗壞血酸是一種與**葡萄糖類似**的簡單有機分子，葡萄糖分子在正常飲食中占極高的比例，通常每天都有好幾百公克。

值得注意的是，**大量的葡萄糖會與維生素 C 競爭，進一步牽制抗壞血酸的效益。當葡萄糖（血糖）濃度高時，運輸至細胞內的維生素 C 量會變少**（註 13），這或許就是許多人認為補充維生素 C 對一般感冒或其他疾病沒有效的原因之一（註 14）。「**多吃維生素 C，少吃糖和碳水化合物**」或許可以將那句古老智慧格言取代為：「**傷寒時宜餓，以免助長發燒**」。因為市面上提供的高劑量維生素 C 片或飲品藥物基本上大都佈滿大量的糖份。

體內會集中維生素 C 的特殊細胞其細胞膜有幾種分子輸送幫浦類型，以運輸維生素 C。其中一種類型稱為 **GLUT**（葡萄糖轉運蛋白），將氧化的維生素 C 輸送進入細胞內。氧化維生素 C（脫氫抗壞血酸）和葡萄糖的分子形狀類似，因此 GLUT 輸送幫浦可以運輸這兩種分子。這種輸送關係相互競爭，這意味著，如果有大量的葡萄糖，它們就會把氧化維生素 C 更為優先地運送至細胞內。

另外兩個輸送幫浦類型是運輸維生素 C 進入那些高需求量的組織，包括**腸道、腎臟、肝臟、腦部、眼睛**和其他器官（註 15）。當這些輸送幫浦運輸維生素 C 容量有限時，細胞滿載也會發生在佈滿這些細胞周圍的液體相對的維生素 C 濃度偏低。當血漿維生素 C 濃度更高時，細胞會繼續累積抗壞血酸量，不過比例會比較低。擁有抗壞血酸運輸幫浦的器官顯示出其細胞容易受到維生素 C 耗盡的影響。

胰島素可以將細胞內部的 GLUT（葡萄糖轉運蛋白）轉移至細胞表面，以運送更多的葡萄糖（註 16）。缺乏胰島素的糖尿病患者無法處理這種吸收量增加，因此糖分會累積在他們的血液中。關於糖尿病長期症狀的一種解釋就是患者細胞長久以來缺乏維生素 C，激素如**胰島素也很可能會影響體內吸收維生素 C 的能力**。

之前我們提及，壓力和疾病會大量增加腸道吸收抗壞血酸的量，不幸的是，這種身體的反應目前並未著手研究，而且潛在的控制機制仍然尚待揭曉。

動態流量

單一高劑量維生素C會在體內產生短暫的反應，克級劑量會產生基本濃度以上的反應（～ 70 μM/L），並且迅速隨著尿液排出體外。血漿中高濃度維生素C的半衰期大約三十分鐘，之後就會排出。然而，當重複補充劑量時，血漿的維生素C濃度會增加，在前一劑量尚未排泄出去前補充第二劑量就會增加血液中的濃度。先前因缺乏維生素C的個案，之後在每隔三至四小內補充一次維生素C後，體

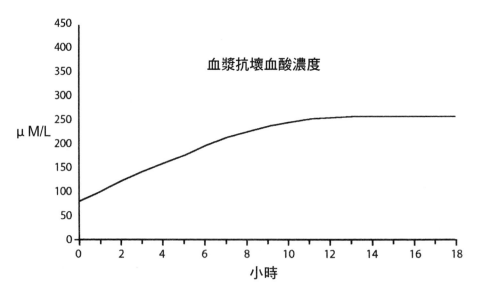

▲每小時重複補充克級劑量維生素C，促使缺乏維生素C的個案體內產生穩定的維生素C濃度；要維持最高濃度需要每日攝取 20 公克左右

內的血液維生素 C 濃度就可以提高至 250 μM/L 水平之上。

打一個簡單的比喻，想想一個水桶邊上有一個洞，如果不繼續加水，水平面就會低於洞的下方（基準水平）。倘若試圖倒一桶水進去以填滿水桶，這樣只能算是部份成功，因為一桶水可以將水位略為提高，但是過不久水會從洞口流失。這就是一天一次維生素 C 劑量的結果──血液維生素 C 濃度短暫增加，但很快就回復到基準水平。動態流量相當於開啟自來水不斷地注入水桶，透過增加流量，就能補足從洞口流失的量，因此水桶內的水平就可以無限地增加。

在動能流量中，血漿中的維生素 C 量充沛，並且會慢慢地滲透至身體其他部份。一般成人大約有五公升的血液量，細胞大約佔用少於這個一半的量，其餘的液體則為血漿。**紅血球**細胞為主要的細胞類型，會慢慢地吸收來自血漿所滲透的維生素 C，過一段時間後，血漿和紅血球細胞內的維生素 C 會達到平衡。這時，血液濃度就會提高至動態流量的高峰水平或之上。

血液只能彌補組織量的一小部份，一般 150 磅（70公斤）的成人，其血液量大約占總體積的百分之七。高濃度抗壞血酸血漿會慢慢滲透進入其他組織，久而久之，身體會達到平衡，也就是組織的維生素 C 濃度會均等或高於血漿的維生素 C 平均濃度。這樣一來，體內維生素 C 總量會比不常服用維生素 C 的人還要高出許多。

如果一個人長久以來處於動態流量的狀況，當他停止攝取維生素 C 後，血液濃度仍然會停留在高濃度狀態，直到腎臟將維生素 C 排出。當大型組織的維生素 C 濃度高於血漿時，維生素 C 會從組織滲透進入血液中，這種來自組織的流量使得血漿的維生素 C 濃度可以保持一段時間。此外，處於動態流量的人若感冒或類似感染則有很大的優勢，他們的血液維生素 C 濃度在經常口服劑量下維持一定的水平，所以，當偶爾需求量大增時，組織內儲備的量可以預防血漿中的維生素 C 耗盡。

短暫的維生素 C 半衰期

維生素 C 短暫的血漿半衰期意指大部份的口服劑量僅能提高血液濃度幾個小時，其他時間血液的維生素 C 濃度會回歸到 $70\,\mu$ M/L 的基準水平。數十年來，維生素 C 的屬性研究一直存有瑕疵，許多科學家認為公克劑量過於龐大，然而這個想法很容易將營養和藥理作用搞混。我們有必要攝取營養以保持身體健康，不過，使用維生素 C 作為藥物則是用來治療疾病。作為營養劑量通常是每天大約 10 公克，但是從藥理的角度來看，10 公克只是很小的量。例如，羅伯特‧卡斯卡特和其他醫生一天分次使用，成功地治療各式各樣的疾病，他們用的總量達到 **40** 公克、**60** 公克，或者甚至到 **200** 公克不等（註 17）。許多維生素 C 和感冒的研究搞不清楚預防與治療的差別，經常兩者都使用低於 1 公克的劑量（註 18）。研究中主要的錯誤在於鑽研每日的單一劑量，對於健康的人若想要透過攝取維生素 C 來預防感冒或其他疾病，就要分多次攝取維生素 C 劑量或服用漸進釋出的配方以維持體內的血液濃度。

何謂最佳攝取量？

至今我們仍未確定對一個健康的人而言，多少才是最佳攝取量。正如之前提及，政府的研究存有許多瑕疵，而且提出的維生素 C 每日建議攝取量嚴重不足。最近的研究發展證實每日建議攝取量的假設依據不合理且沒有根據，目前沒有任何證據證明低劑量維生素 C 最為理想。事實上，低攝取量很可能是導致世上大多數慢性疾病的原因之一。

近年來，由於美國國家衛生研究院針對維生素 C 的攝取量和排泄量進行實驗，因此每日建議攝取量從之前的成人每日 60 毫克修訂為男性每日 90 毫克，女性每日 75 毫克。吸煙者則建議每日再額外攝取 35 毫克，因為吸入香煙所產生的毒素會增加氧化壓力，而且**吸煙者血液的維生素 C 濃度通常比較低**。然而，這項建議很可能過於低估現況，反而帶給吸煙者一個看似很不實在的保障——從最近大量靜脈注射抗壞血酸的觀察顯示，吸煙者體內會產生極高的氧化能力，因而導致血漿中的抗壞血酸值變低（註 19）。

一開始服用維生素 C 補充劑的人，是從一個血漿濃度相對不足的狀態開始。在經過重複服用後，組織和血漿內的濃度會增加，耐受力也會變大。人類對維生素 C 的需求似乎比過往的理解多更多的變數，關鍵在於人類需要的量比以前假設的還要高出許多。以每日建議攝取量的制定標準，刪除其中的錯誤，進而產生另一種建議，那就是健康的成人每日應攝取 500 毫克至 20 公克（20,000 毫克）之間的量，或者甚至更大的範圍。有些人需要低劑量，因為體內維生素 C 耐受力不高；其他人則需要更高劑量，大約在 10 公克以上。

要估算個人的需求量可以從腸道耐受力來確定。若要推算，先從小劑量著手，每一個小時重複一次，直到感覺到腸道不舒服（放屁、脹氣、拉肚子）。這個攝取量就是你的腸道耐受力值，而你的最佳攝取量則是這個最大值的百分之**五十至九十**。記住，**高碳水化合物會干**

擾腸道耐受力測試，因而使得測量值偏低。維生素C需求量會隨著身體狀況改變，所以我們要不定期的重新測試。然而，更重要的是，隨著時間增長，一個人的耐受力會隨著動態流量的維持而變大。

每個人的需求量各不相同，因此要提供明確聲明關於適用所有人的攝取量似乎不太可能。此外，個人的需求量也會有所不同，即使是輕微的疾病，攝取量就要因此增加。若要提高一般成人血漿維生素C的平均濃度值，每日大約要攝取 **2-3 公克**（2,000-3,000 毫克），以每次 500 毫克分開攝取。對一些人來說，這個劑量可能太高，需要稍為調降一下。然而，對大多數人而言，這個攝取量仍然太低，難以預防感染和慢性疾病。

維生素 C 的種類

維生素C有多種類型，而且宣稱效果好的補充品品牌更是不計其數。通常，這些宣稱不外是他們的口服維生素C特殊類型可以使吸收力增加。大多數維生素C種類的吸收比例相當，雖然持續釋放形式的種類可以延緩吸收的成效（註20）。在某些情況下，製造商聲稱他們擁有更多「天然」的維生素成份，表明他們的產品才是真正的維生素C，然而抗壞血酸並不是純正的維生素，然而這種聲明是在誤導大眾。維生素C被定義為抗壞血酸，而且就一般而言，這是維生素C的首選，容易取得且成本低。不過，其他種類也有一些相關的注意事項和優勢。

天然維生素 C

天然維生素 C 與合成 L- 抗壞血酸分子相同（註21），它們的化學性質沒有已知的差異，不管是物理、化學或生物方面，所以「**天然」維生素 C 補充品並沒有優於 L- 抗壞血酸**（註22）。我們之前解釋過，不定期流行病學論文和臨床試驗指出，食品中的維生素 C 比維生素 C 補充劑更為有效。然而，這種論點是誤解，因為其分子都是相同的（註23）。事實上，在一些食物中，例如綠花椰菜其吸收力可能受損（註24）。儘管建議指出，食物中的維生素 C 可能內含相關的「神奇」因子，不過，食物與補充品之間的差異可以更簡單解釋為實驗誤差，例如低估食物中的維生素 C 含量。此外，來自食物的維生素 C 吸收力比補充品慢，因此可以更有效率地增加血液的維生素 C 值。

天然維生素 C 通常存在於植物色素組合的**生物類黃酮中**。生物類黃酮大多是**抗氧化劑**，存在於柑橘類和內含豐富維生素 C 的其他蔬果。有一些證據表示生物類黃酮可以增加維生素 C 的效益，不過，若要達到效果則需要攝取比存在於維生素 C 片中還要多的生物類黃酮（註25）。**低劑量維生素 C 很好吸收**，所以生物類黃酮的效益目前尚未明確。

抗壞血酸鹽 (Mineral Form C)

由於純維生素 C 是一種**弱酸**，因此若結礦物質，例如**鈉、鈣或鎂**則會產生一種非酸性的**鹽**。補充品中有幾種常見的礦物性抗壞血酸鹽，其中抗壞血酸鈉和抗壞血酸鈣最為普遍。有些人認為礦物形式對胃比較溫和，因為酸性較少。攝取大量礦物性抗壞血酸鹽的人，最終也可能攝取到大量的礦物質。每公克抗壞血酸鈉含有 **131** 毫克的**鈉**，每公克抗壞血酸鈣則含有 **114** 毫克的**鈣**。這種形式的公克級劑量維生素 C 對某些疾病而言是一種禁忌,例如**腎臟**疾病。

　　然而,攝取高劑量礦物性抗壞血酸鹽有一個更關鍵的限制——這種形式效果不彰。生病的人可以經常攝取大量維生素 C,而且不會有明顯的口服不適感,當達到閾值點,接近腸道耐受力時,以一般感冒為例,症狀通常會消失。不過,這個閾值點效應似乎只限於如抗壞血酸的維生素 C,礦物性抗壞血酸鹽則沒有這個效果。卡斯卡特博士是第一個記述抗壞血酸的這種反應優於其他形式的人,而這一點也被其他人證實。原因很可能是因為維生素 C 含兩個有效的抗氧化電子,而礦物性抗壞血酸鹽所含的電子數較低。在抗壞血酸鈉中,**鈉原子會**奪取一個抗氧化電子 (原本用來中和自由基的電子),一旦被吸收後,抗壞血酸鈉需要從人體代謝中獲取一個電子,以發揮其功能。**這個效應或許是許多人嘗試高劑量抗壞血酸鹽,但卻沒有達到聲稱效益的其中一個原因。**

酯化維生素 C (Lipid-Soluble C)

　　另一種形式的維生素 C—— 抗壞血酸棕櫚酸酯(ascorbyl palmitate),是一種**脂溶性維生素 C**。不同於礦物性抗壞血酸鹽的特有品名,Ester-C$_{TM}$ 是真正的**酯**。抗壞血酸棕櫚酯是一種維生素 C 與棕櫚脂肪酸結合(酯化)的分子,經常作為一種食品添加劑,不過最常見於抗衰老的化妝品成分中,因為其抗氧化功效和促進膠原蛋白合成的作用(註26)。當採用口服時,抗壞血酸棕櫚酸脂在肝臟內可以大量轉化為 L- 抗壞血酸和棕櫚酸,但目前尚不確定它是否優於 L- 抗壞血酸(註27)。抗壞血酸棕櫚酸酯常用於化妝品和外用製劑。

微脂粒維生素 C（Liposomal C）

對健康的人和許多慢性疾病患者而言，維持體內足夠的維生素 C 量是仰賴平價的維生素 C 以達到動態流的水平。然而，對於一些**癌症患者**來說，一般的維生素 C 補充品可能無法讓他們的血液達到足以對抗疾病的濃度。**抗壞血酸鈉注射液**〈編審註：即醫美所應用的「美白針」數倍的劑量。〉是另一種選擇，不過目前有一種新的**口服**形式——**微脂粒維生素 C**——也可以使血液達到更高的維生素 C 濃度。

體內每一個細胞都被一層薄膜包圍著，而這層薄膜是由兩層類似脂肪的磷脂所組成。磷脂的一些化學特性和肥皂相同：它們一端是極性頭（親水），另一端為非極性尾（親油），頭端溶於水，尾端溶於脂，肥皂的化學分子這樣排列有助於在洗滌過程中分解沈積的脂肪。這些分子的排列意味著磷脂如同肥皂，當與水混合時就會形成泡沫（圓形球體）。

微脂粒形成於磷脂的小泡中，通常具有包覆和保護液體內含物的特性。**商業生產的微脂粒非常小，可以填滿藥物或補充品以協助身體吸收。**〈編審註：在這裡所強調的微脂 C 的細胞內吸收度，即所謂的生物利用率 (bioavailability)。〉它們提供一個克服口服維生素 C 吸收障礙的方法，我們知道，如果給予一個習慣攝取低劑量維生素 C 的人一次 12 公克劑量時，其中大約只有 2 公克會被身體所吸收。然而，如果是填滿濃縮維生素 C 的微脂粒，理論上它們就可以克服這種吸收的限制，將 12 公克大部份傳送到體內。**高劑量微脂粒維生素 C 的效果是緩慢增加血液濃度**，類似標準片劑的成效。不過，其最高濃度值可能大於標準片劑，大約在 400μM/L 之上，而且這種反應是**穩定持久的**。這種驚人的高**維生素 C 血漿濃度是有選擇性地對癌細胞產**

生毒性，因此微脂粒擴展了口服維生素 C 對抗疾病的潛力，其中包括癌症。〈編審註：在臨床的運用上大劑量維生素 C 對癌症治療上的運用，其障礙通常是腸胃不適，病人在化療過後通常呈現腸胃粘膜缺損，甚至潰瘍而無法耐受大劑量口服維生素 C，雖然抗壞血酸鈉的靜脈注射，可以克服這個障礙，但對於不考慮或不方便在醫療院所接受注射（通常每週 2~4 次）或是胸腔部位腫瘤已經呈現肺部積水（肋膜積液 Pleural effusion）的癌末患者，則不適用抗壞血酸鈉注射，因其中鈉的含量與生理食鹽水的過多水分會使患者積水更多。因此口服劑型的微脂粒維生素 C，提供了一個較好的選擇，高頻率的補充與一般抗壞血酸口服劑交叉使用，可以完全取代維生素 C 針劑的注射，價位上也較為經濟。〉

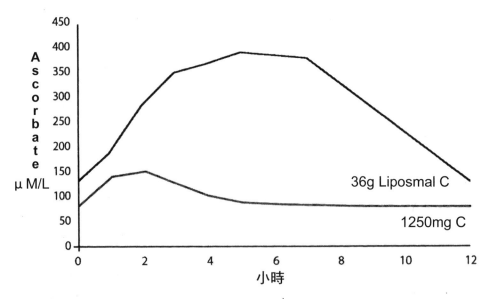

▲聲稱最高維生素 C 血漿反應（1,250 毫克維生素 C，灰色線條）與口服 36,000 毫克微脂粒維生素 C（黑色線條）的血漿反應比較圖表。（Hickey, S., et al. JNEM[2008]）

高劑量維生素 C 安全嗎？

顯而易見的是，人們可能要我們將虛假當作事實，因為我們每天都受到廣告轟炸。絕大部份的廣告透過重複播放，目的就是要產生誤導性「事實」。「factoid」（仿真）這個字指的就是不可靠的資訊，也就是因為反覆出現就被大眾信以為真，在尚未於雜誌或報紙上曝光前，並不存在的「事實」。說穿了，仿真是一種假設或推測，幾十年來，奇怪的醫療和媒體宣傳產生了一連串關於維生素 C 安全性的仿真議題。通常，這些令人驚慌的故事在尚未進行科學審查之前，早就先提交給媒體大肆宣傳。

維生素 C 非常安全，這一點都不奇怪，**因為它是人類生命必需營養素**，並且身體積極地將之保留在體內。維生素 C 是一種簡單的分子，動植物都需要它，而且**通常是需要高濃度**。生物經過數百萬年的演化早已擁有免於受到維生素 C 傷害的機制，不過，就算有耐受力的考量，維生素 C 的安全性仍是非常出眾。難得的是，它可以**長時間攝取高劑量但卻不會有明顯的傷害**。

維生素通常都有很好的安全性──過量的有害影響往往言過其實。當科學可以中立審慎評估時，很明顯就會發現，人們缺乏比過量還要危險。不過，攝取維生素要謹慎斟酌，以確保最佳營養價值，並且無副作用。

高劑量維生素 C 的安全性遠遠比阿斯匹靈、抗組織胺、抗生素、止痛藥、肌肉鬆弛劑、鎮靜劑和利尿劑大很多。換句話說，維生素 C 的安全性比常見的藥物還要安全。然而，某些有害的效應被誤以為是維生素 C 所造成的，包括**腎結石、低血糖、反彈性壞血症、不孕症、**

突變和破壞維生素 B12 等（註28）。我們目前尚未發現任何文獻記載有關健康的人因維生素 C 過量而死亡的報告，數十年來，一件都沒有，反之，上述的藥物使用，綜合統計每年都有十萬件以上的濫用致死案例回報。

比喝水還安全

維生素 C 被公認是安全的，也就是說，美國食品藥物管理局（FDA）專家認為它可以安全地添加到食品和化妝品。以食物來說，這是明智之舉，因為沒有它我們就無法生存。然而，**過量的維生素 C 如同過量的水可能對人體有害**，攝取過量的水可能會降低血液中的**鈉**濃度，因而導致**大腦腫脹**。若要說維生素 C 的安全範圍，我們認為**喝過量純水自殺反而可能比攝取過量維生素 C 還來得容易些**。

一份從一九八三年至二〇〇五年，長達二十三年的美國毒物控制中心審查報告指出，與維生素相關的死亡人數僅有十人。事實上，毒物控制統計資料證實，**美國人每年死於食用肥皂而死亡的人數多過於服用維生素**（註29），甚至包括故意或意外誤用，據稱因維生素而死亡的人數低得驚人，這二十多年來，平均的每年死亡人數少於一人。維護美國六十一萬個毒物控制中心資料庫的美國毒物控制中心協會（AAPCC）留意到，維生素是最常被呈報的物質之一，因此，只有少數死亡人數並非是知情不報的結果。**在這二十三年來的十六年裡，AAPCC 指出沒有任何因維生素而死亡的案件。**

這些統計資料包含維生素 A、菸鹼酸（B3）、維生素 B6、其他 B 群維生素、維生素 C、D、E、其他維生素，如維生素 K、無鐵綜合維生素。其中礦物質的化學和營養素不同於維生素，也有很好的安

每年因維生素而死亡的呈報人數（AAPCC）

年份	死亡人數	年份	死亡人數	年份	死亡人數
2005	0	1997	0	1989	0
2004	2	1996	0	1988	0
2003	2	1995	0	1987	1
2002	1	1994	0	1986	0
2001	0	1993	1	1985	0
2000	0	1992	0	1984	0
1999	0	1991	2	1983	0
1998	0	1990	1		

全記錄，不過不如維生素。平均而言，每年一個或兩個死亡通常歸因於**攝取過量的鐵劑而造成鐵中毒**，此外，其他因礦物質而死亡的案例非常罕見。不過，即使是鐵，雖然它不像維生素那麼安全，其死亡率仍然比因洗衣精和洗碗精致死的人數還要少。

即使只有一人死亡也要慎重看待，不過，這些死亡案例的背景細節並未提供報告。文獻中目前並未發現健康的人因口服維生素C而致死，然而，一些草率的醫學死亡率數字卻將這點列入其死亡範圍。

讓我們先來看看光是那些因類似**阿斯匹靈藥物**（非類固醇抗發炎藥物NSAIDs）而引起的**老人潰瘍**，最後導致**死亡或傷害**的案例。請注意，這個藥物對胃的影響反而有嚴重的限制，其他年齡層也不例外，然而，這些藥物經常用於輕微的頭痛、肌肉拉傷和關節炎。美國每年大約有四萬一千名老年人住院治療，平均因消化性潰瘍的住院天數大約在一周以上（8.5 天），但是，在一九八七年間，其中就有大**約三十五萬的天數是因阿斯匹靈所引起的非必要性住院**（註 30）。事實上，每年大約有三千三百人死於這些併發症（註 31），這些數字對任何宣稱高劑量維生素 C 有害健康的人可是一大挑戰。此外，這些非必要性的死亡人數，和那些每年因處方和非處方藥物而致死的人數比起來可算是微不足道。

維生素 C 是已知毒性最少的物質之一。或多或少有一兩件呈報案例，不過並未證實是因為維生素 C 而導致死亡。藥物的高度安全性取決於藥物的治療指數——毒性劑量除以治療劑量。**半數致死劑量（LD50）**也就是所用的劑量會導致百分之五十的受試者死亡。例如，某一種物質其治療劑量為 1 公克，其 LD50 為 2 公克，那麼其治療指數則為「2」。當治療指數這麼低時，表示這種藥物危險性高，安全範圍很小，這種藥物只適合處理非常嚴重，危及生命的狀況。對一個 154 磅（70 公斤）的人而言，攝取 1 公克的維生素 C 治療指數至少為「350」，這表示安全性很高。一個人若一次吃下半磅（227 公克）的維生素 C，他或許會有**胃酸和腹瀉**的問題，不過，似乎還是能存活下來。

相較之下，廣泛使用的止痛藥乙醯氨基酚 paracetamol（撲熱息痛 acetaminophen）的治療指數為 25。乙醯氨基酚的建議劑量為 **1 公克**，而且只要 4 公克的低劑量就會造成**肝臟受損**（註 32）。在美國，每年因乙醯氨基酚使用過量而導致急診的人數大約有五萬六千人，住院的人數則有二萬六千人（註 33），其中每年大約有四百五十八位患者因乙醯氨基酚死亡，通常很多人是因無心而造成過量。

　　美國每年大約有一萬六千五百人死於非處方的止痛藥，並且有超過十萬人以上是因為其副作用而住院治療（註 34）。**醫療失誤是死亡的主因**，據稱美國每年至少有**十萬人**以上因此死亡（註 35）。另外，每年有一萬二千件非必要性手術、七千件藥物給予錯誤、八千件醫院感染、十萬六千件藥物不良反應和二萬件其他錯誤，這些全都是造成可避免的死亡原因（註 36）。

　　媒體界因握有小小的證據基礎就大肆宣傳維生素 C 使用危險性的故事，但他們通常不會深入報導實質的醫學證據。

潛在的副作用

維生素 C 會導致腎結石嗎？

　　目前尚未有高劑量維生素 C 不良影響的證據（註 37），其中一個最常見的恐怖故事為維生素 C 會導致**腎結石**的想法。這個本來看似合理的假設，不過實際上，攝取大量維生素 C 的人並未有腎結石高發生率的現象。維生素 C 甚至被提出，並且被用來治療腎結石患者（註 38）。

　　之所以有增加腎結石的論據，主要是因為結石是由**草酸鈣**所形成。不同於其他類型的結石，草酸鈣可以在尿酸中形成，而維生素 C 是一種弱酸。**草酸鈣結石**大約占所有腎結石的**四分之三**。尿液中過多的鈣會促使草酸鈣形成，而**鎂可以抑制**（註 39），同時攝取**高碳水化合物也會增加鈣的排泄量**〈編審註：由於細胞代謝碳水化合物（葡萄糖）會產生乳酸 - 二氧化碳與自由基。過多碳水化合物（甜食、澱粉）的攝取會導致抗氧化壓力上升，使體質酸化，因此身體以釋出骨質中的鈣作為代償，導致血液與尿液中的鈣含量上升，骨質也呈現疏鬆，通常尿液 PH 值因含鈣量增加提高至 8 左右時，代表結石的風險升高。〉（註40）。一些研究學者宣稱維生素 C 可以略為增加體內草酸的排泄，但其他研究顯示，草酸的排泄量並沒有增加（註41）。現在看來，一些草酸過高的研究似乎是樣本保存不當所造成的結果。

這些尿液中草酸和鈣的研究還有一個更基本的問題，研究人員從尿液的化學成分研發一種作法以估計草酸鈣形成的風險（註42）。然而，這個方法並不包括維生素 C 的影響：若攝取高劑量維生素 C 時，預估**存留於尿液中的維生素 C 反而可以降低草酸鈣形成的風險**。理論上抗壞血酸和草酸結石之間的關聯是基於 Tiselius 方程式 (Arne Tiselius 瑞典生物化學家)，也就是**結石風險與鈣和草酸成正比**關係，**與鎂成反比**關係，與**維生素 C 並沒有直接的關聯**。事實上，高劑量維生素 C 可以增加尿液中抗壞血酸值，反而可以與**鈣**結合，降低形成草酸鈣的風險。令人奇怪的是，維生素 C 相關風險的主要爭論，都將這個分子的疑問排除在分析之外。如果分析包括高濃度抗壞血酸，其結果必然是草酸結石的風險降低！因此，許多醫師都過於高估高劑量維生素 C 的風險，其實它反而具有保護力，我們還有更多的理由支持**維生素 C 可以預防腎結石**，例如，攝取高劑量會增**加尿液流動量**：河水快速流動，淤泥沈積量則少。此外，腎結石似乎形成於受到感染的細胞核周圍，由於高濃度維生素 C 具有**殺菌的作用**，它或許可以**清除即將結石的患部**。

流行病學證據顯示維生素 C 並不會增加腎結石。在哈佛大學醫學院一項長達十四年，針對 **85,557** 位女性的前瞻性研究發現，並**沒**

有任何證據指出維生素 C 會導致腎結石（註43）。每日攝取少於 250 毫克和攝取 1.5 公克或以上的人，其腎結石風險相當。一份早期針對 45,251 位男性的研究指出，**每日攝取 1.5 公克以上維生素 C 的人，其罹患腎結石的風險較低**（註44）。

還有其他並不那麼常見的結石，例如磷酸鈣和鳥糞石（磷酸鎂銨），發生在感染的尿液中，不過卻溶解於酸中。**維生素 C 可以使尿液呈酸性**，所以再一次可以**預防這類結石**。另外，**維生素 C 與痛風的尿酸結石或兒童的胱氨酸結石並無直接的關係。**

其他副作用？

維生素 C 可能會與一些酶缺乏症產生干擾作用。在一般正常情況下，體內的糖原很快會被代謝，但糖原貯積病（類型一）又名馮爾克病（von Gierke disease）則是因為過多的葡萄糖以糖原形式累積在體內。這種疾病有時源於葡萄糖 -6- 磷酸脫氫酶（**G6PD**）遺傳性缺陷（俗稱**蠶豆症**）有關。有一些作者聲稱這是人類最常見的酶缺乏症候群，全世界大約有超過四億人口受到影響（註45）。然而，這個缺乏症實際上很罕見，發生機率在美國為每十萬名新生兒中有一名，由於這個基因與 X 染色體有關，所以很少出現在女性身上。這種症候群發生在地中海、非洲和東南亞等血統的人口較為頻繁，來自北非的非德裔猶太人的發病率可能高達 5,420 人中有一例，然而臨床酶缺乏症的發病率很低，表示其症狀比一般認為的還要少見。

G6PD 缺乏症的人可能會有糖原貯積病。倘若未接受治療，大多數這類症狀的人如果連續進食玉米澱粉則會早逝。然而，經過治療改善後，更多的患者可以活到成年，不過，即使經過治療，這些患者有

不是「預防」而是「維生必需」

幾十年來，醫療機構已經認同只要少量維生素 C 就可以保持身體健康的想法，儘管這個想法幾乎少有科學證據支持，不過，這個觀念卻被世界各地醫療和健康組織廣為宣導，並且進而要求另一種假設——**人們需要高劑量維生素 C**——提供科學根據。這看似很不合理，不過基於預防原則，那些機構指出除非有科學共識這個假設不會對大眾造成傷害，不然不可執行該政策（註 54）。因此，這個找「證據」的責任就落在那些主張改革的人身上。例如一家公司想要推出某種化學物質到市面上，他們就需要提供確鑿的證據證明它不會造成任何傷害。在有潛在危害性的新化學物質情況下，這樣的論點是基於謹慎和小心為上策。

預防原則的審定標準只適用於新的想法。事實上，就算現有的程序也可能有同樣的傷害存在，總之，預防原則指出就算沒有副作用的證據，我們的作法仍然要假設副作用的可能性。根據這個原則，假定如果建議過高的維生素 C 攝取量可能會發生的最壞情況，然後制定一個最低標準的指南。對於**輻射**、有害環境的化**學物質和合成藥物**，這種作法或許是謹慎小心。但是，當在評估我們的必需營養素和尚未清楚其對健康效益所需的劑量時，這種作法並不恰當。就維生素 C 的情況而言，預防原則反而是被誤用，因為證據顯示**攝取低劑量維生素 C 的危險性比攝取高劑量還要多更多**。

身材矮小和肝臟腫大的特徵。他們往往為痛風性關節炎、腎結石、高血脂、高血壓、急性胰腺炎、骨質疏鬆症和骨折頻繁所苦。

有些人聲稱 G6PD 酶缺乏症的人若攝取高劑量維生素 C 可能會造成**溶血性貧血** (hemolytic anemia)（註46），新生兒中有一些證據支持這個聲明，而成人中偶爾也有零星的報告（註47）。不過，這種副作用的聲明已被推斷過於極端，高劑量維生素 C 對健康的 G6PD 缺乏症的人而言風險很小（註48）。

血鐵沈積症（hemochromatosis）或**血色素沈著症** (iron overload disease) 患者聲稱對高劑量維生素 C 會產生副作用。在健康的個體上，高劑量維生素 C 並不會導致**鐵**過量吸收（註49）。根據統計，大約每三百位北歐血統的人口就有一位有遺傳性血鐵沈積症（註50），對他們而言，長期攝取大量維生素 C 可能有負面影響，不過，關於這個風險目前尚未明確認定（註51）。血鐵沈積症患者因高劑量維生素 C 受到影響的報告有一或兩件，不過，和攝取補充品的多數人口比較起來，這些報告可能只是偶發聯想的個案。在健康成人和早產嬰兒中，血液中的高濃度維生素 C 可以**使體內的鐵質不容易受到氧化破壞**，因此，補充維生素 C 可以預防這類的傷害，即使**血漿內**的鐵質過量也可以免於受到氧化的破壞（註52）。

這些反對使用維生素 C 的聲浪過於誇大。高劑量維生素 C 治療法最有經驗的醫師之一卡斯卡特博士，提出兩件血鐵沈積症患者的治療經驗，他以高劑量抗壞血酸治療他們但卻沒有任何副作用。在數以千計被他治療的患者中，他從未見過任何有關鐵的破壞性反應跡象。他的臨床經驗指出，**維生素 C 可以在身體需要鐵時增加鐵的吸收力**，同時他還指出，當體內**鐵質過多時**，維生素 C 也可以**增加鐵的排泄**

量。他提出高劑量足夠的維生素 C 或許是治療血鐵沈積症一個有效的方法，因為這是**自由基**所引起的反應〈編審註：而維生素 C 是最廣效性的自由基電子捐贈者〉。在這種症狀下，維生素 C 的化學作用為氧化劑或抗氧化劑目前尚未明確，雖然有一些科學家提出理論上的疑問，不過，其他科學家則提出有益的影響。套句卡斯卡特醫師的話：「這種對維生素 C 理論上的異議，無疑是正統派在沒有任何證據的情況下，將理論膨脹成為事實的典型手法。」（註53）

「副作用」的效果

單一高劑量維生素 C 唯一被科學家認同的「副作用」就是作為**天然的瀉藥**。它提供一個替代藥物**治療便秘**的方法。高劑量會導致腹瀉，雖然所需的劑量因人而異，取決於每個人的「腸道耐受力」，而這也是身體對補充品需求量的一個指標。當一個人生病時，他的腸道耐受力可以增加至一百倍，因此，當一個人健康時其耐受力可能一天為 2 公克，但當他得了流感時，他或許可以攝取 200 公克（200,000 毫克）且不會有任何不適。〈編審註：過量的維生素 C 攝取會從腸道與泌尿道排出，鮑林博士認為此舉有助於消化道與泌尿道的清洗、消炎、殺菌效果。因為無法有效去除的頑固型腸道害菌是造成長期腸道不適與慢性腹瀉的主要原因，它們使得益生菌的補充事倍功半，因此以大劑量維素 C 進行腸道殺菌是一個十分安全有效的方法，讓事後益生菌的補充產生應有的效果，有效的達成改變腸道菌叢生態的目的。見下頁附錄：抗壞血酸清腸法〉

奇怪的是，醫療機構將維生素 C 對腸道的影響歸類會不良副作用，但卻忽略生病期間腸道耐受力大幅增加的現象。令人難以置信的是，**最大建議攝取量的標準是基於可能會導致一些人拉肚子的最低劑量**。〈編審註：吃到拉肚子為止，就是維生素 C 補充的有效劑量，但腸胃有問題的人就不準。〉有鑒於此，我們很驚訝於為何政府沒有制定高纖維食物，如豆類的最大建議攝取量。美國醫藥研究所顯然早已決定必須限制維生素 C 的攝取量，但卻又發現高劑量維生素 C 對健康的人並沒有副作用。他們制定每日最大劑量為 2 公克，因為在這個劑量範圍內幾乎不會有人因此腹瀉。根據推測，人們不太會有常識去留意到腹瀉，並減少自己的攝取量。儘管嘗試幾十年要找出為何高劑量維生素 C 有害人體，反對者至今仍尚未發現其毒性，原因很簡單，**因為毒性根本就不存在**。

附錄：抗壞血酸腸道沖洗法（Ascorbic Acid Flush）

由於維生素 C 促進傷口復原、保護身體免於病菌感染、過敏原及其他污染物的侵害，因此利用維生素 C 沖洗體內，對身體頗有幫助。這方法有助於治療化學過敏、化學中毒、砷中毒、輻射傷害、流行性感冒、扭傷，也有助於預防其他疾病，包括癌症、愛滋病。

成人的使用方法

將 1000 毫克的抗壞血酸加入一杯水或果汁中做成飲料。使用酯化型維生素 C（例如 Ester-C）或緩衝形式的產品，像是抗壞血酸鈣。每半小時喝一杯這種飲料，記錄你喝下多少杯，直到出現腹瀉。計算產生腹瀉所需的抗壞血酸的茶匙數。把得到的數值減一，以此數量製成抗壞血酸飲料，每四小時喝一杯，維持 1 ～ 2 天。在治療期間，確保排便保有樹薯粉狀的均質性。如果糞便變得水水的，應減低抗壞血酸的劑量。一個月做一次抗壞血酸沖洗。

小孩的使用方法

將 250 毫克的抗壞血酸加入一杯水或果汁中做成飲料。使用酯化型維生素 C（例如 Ester-C）或緩衝形式的產品，像是抗壞血酸鈣。每一時給小孩喝一次，直到排便出現樹薯粉狀的均質性。如果小孩或嬰兒在二十四小時內無法產生這樣的糞便，可將劑量增加到每小時 500 毫克的抗壞血酸，如此維持 1 ～ 2 天。不要超過每小時 500 毫克的抗壞血酸。小孩只能在有醫生的監督下做這樣的治療。

注意：執行此沖洗法時，請同時補足適量的B群維生素與礦物質。

資料來源：德瑞森莊園自然醫學中心

第8章
主流醫學與維生素 C

"A wealth of information creates a poverty of attention."

「資訊豐富讓人失焦且缺乏專注力。」

——赫伯特 · 西蒙（Herbert Simon）,美國著名學者,諾貝爾經濟學 得主,計算機科學家、公共行政、管理學家

社會醫學的局限

應用社會醫學來調查維生素C的作用和屬性反而加劇與延長這場爭論。若要研究心臟病，流行病學可能會看究竟有多少人心臟病發作，並且確定容易罹患這種疾病的人的特徵——例如中年、吸煙和吃垃圾食物，攝取低劑量維生素C的超重男性。隨後，流行病學家可以因此確定疾病的因素，例如環境、職業危害、家庭模式和那些個人生活習慣是冠狀動脈血栓患者最普遍的致病原因。然而，流行病學缺乏高度的解說力，因為要解釋心臟病發生的原因需要物理學、生物化學和生理學。如果沒有這些基礎做為根據，流行病學就會淪為人們形容的偽科學（註1）。

察覺流行病學的局限性，讓我們可以客觀正確地面對相互衝突的營養建議，例如維生素C的需求量。根據一般的說法，流行病學「證實」吸煙會導致肺癌，人口科學研究一定會警告科學家關於吸煙和肺癌之間的關聯，不過，這或許會對統計方法的影響力帶來誤解。流行病學在可以辨認出潛在的致病因子之前，有眾多的因素必須先納入考量。

我們確信香煙會導致肺癌，不過流行病學提出的證明只占一小部份。最重要的是，我們有詳細的科學解釋說明吸煙如何導致肺癌。燃燒煙草釋放出來的化學物質會造成基因突變、染色體受損、刺激和細胞增殖，以及維生素C氧化（註2）。吸煙的行為促使致癌化學物質進入肺部脆弱的組織和血液中，遍佈全身與尿液（註3）。這些化學物質會導致動物產生癌變（註4），然而，我們很難於健康的動物體內複製這種疾病（註5）。不過，如果帶有自發性腫瘤的動物被迫吸煙，那麼其肺部腫瘤的症狀則會增加（註6）。因此，從我們基本藥理學和生物化學的知識來看，我們可以預測吸煙的行為會增加肺癌和其他癌症的發病率。

流行病學提供一個大方向，指出吸煙和癌症之間的關聯性，但它本身並沒有提出這兩者相關的一個科學解釋。如果有足夠的因素（或者有足夠的流行病學家），一定可以找到這種相互影響的關係。例如，從一九五〇年以來，電視機增加的數量和大氣二氧化碳增加的數量相當，所以，我們可以因此斷定電視機就是造成二氧化碳增加的原因嗎？答案很明顯「當然不是」，統計法則的一個範例——「相關性並不意味著因果關係」，白話來說就是兩個因素同時出現，並不見得就是其中一方造成另一方發生的原因。

希爾準則 (Hill's Rules)

一九四七年，倫敦聖巴薩繆醫院的貝德福特 · 希爾（Bradford Hill）和愛德華 · 肯納韋（Edward Kennaway）進行吸煙和肺癌的流行病學研究，隨後理查 · 道爾（Richard Doll）加入調查。後來，道爾成為一家化學和石棉公司的顧問，而且該公司贊助他的研究，不過他的發現備受批評，因為他低估這類產品所造成的傷害（註7）。最終，道爾的聲譽因涉及商業和潛在的偏見曝光而受損，然而，希爾則被推崇為「領先世界的醫學統計學家」（註8）。

值得深思的是，當時吸煙很普遍，但很少人相信這與該疾病有關。然而，根據報導，德國人已經確定吸煙是致癌的一個原因（註9）。經過了四十年，人們清楚知道，每日吸二十五根香煙罹患肺癌的機率就會提高二十五倍，體內維生素 C 的儲存量也會隨之下降（註10）。現在我們可以明確公布吸煙會導致癌症，因為除了流行病學外，我們還可以從基本的物理、化學和生理過程來解釋。

　　希爾意識到流行病學的限制──除非採用精確的統計和突破數據的限制，不然，流行病學往往很容易流於誤導。基於這個理由，希爾提供一套標準或法則，在推斷因果關係前，研究人員必須審視是否符合這些標準。

- **合理性**：測量的相關性必須合乎生物學，對該現象必須有一個理性、學理上的解釋。這條法則意味著流行病學（事實上，所有的臨床科學）應符合基本的生理學和生物化學。
- **關聯性強度**：所觀察到的關係或相關性一定要夠強，關係薄弱構成的證據則無說服力。不幸的是，許多慢性疾病和營養之間的醫療聲稱都缺乏有力的實證，例如膳食膽固醇和心臟病的關聯性。這條法則可以提防那些通常以「百分比風險」表示關聯性的作法。也就是說，如果你需要龐大人口數才能測定其發病率，那麼這個效應很可能是微小到不足已造成影響。
- **時間關係**：「因」先於「果」，可疑病因應該於病發之前產生作用；此外，發病率必須符合時間性。如果多年來攝取的物質改變，那麼疾病的關聯性也會不同。如果該病因被移除後又重新導入，那麼該發病率則會產生變化。
- **劑量反應關係**：發病率會隨著可疑病因攝取量增加而隨之升高（接觸該物質越多，測定的發病率應該越高）。我們或許要補充說明，我們不應該推斷試驗劑量範圍之外的結果。在維生素 C 試驗中，這是一個嚴重的錯誤，因為試驗中所採用的劑量往往低於有效攝取量的百分之一。我們將探討劑量誤導如何造成醫藥上維生素 C 和一般感冒的研究失敗。

- **恆定性：**多次試驗得到相同的關聯性。如果後續的結果駁斥該提議，這就表示或許這個根據不充分或者甚至要作廢。這項準則說明，研究結果需要一致，這是科學方法的基礎。

- **一致性：**聲稱的發病率必須符合科學知識，不應與其他理論衝突。如果他人有另類的理論則要提供一個更具有說服力的解釋。

- **類比：**在某個領域普遍認可的現象，有時也可以應用在另一個領域。動物體內每日合成的抗壞血酸值相當一個人每日應攝取的維生素 C 量。以此類推，維生素 C 攝取量的研究範圍應包含這些劑量，但幾乎少有研究做到如此。

- **實驗證據：**可疑病因須透過獨立實驗證明。生物化學、物理或生理的實驗證據可以大大支持可疑關聯的合理性。

- **單一原因：**應該只有一個原因，而不是一堆的風險因素。這項最後的要求對多重流行病學疾病風險因素的提議者無疑是一大打擊。

　　根據希爾的理論，醫學上隨機對照臨床試驗和流行病學的提倡者在假定因果關係前，都必須先符合這些準則。其他領域的科學家可能認為，即使是針對一個初步跡象的因果關係，這些條件都是最低要求。這些準則基本上是常識，適用於群體的社會和統計研究所得到的數據。

　　流行病學可以是一個有力的科學工具，但它往往被誤用。現代流行病學甚少應用希爾準則，結果就是不斷出現大量明顯的矛盾資訊。

例如，一九八一年，研究人員指出咖啡會導致胰腺癌，這或許可以解釋為何美國這類的案例占大部分（註11）。不久，這項廣為人知的研究被全盤否定（註12），事實上，現在有跡象顯示咖啡或許能預防其他癌症（註13）。真正的科學會試圖找出潛在的機制和模式來解釋因果現象，然而，當前普遍的醫學研究方法，其中存在的局限性很可能會嚴重妨礙科學的進步。

維生素 C 與社會醫學的異議

越來越強調風險因素和藥物的社會科學，可能會妨礙對完整維生素 C 功效的研究。分析最小的有效劑量導致結果混亂，使得大眾對抗壞血酸的真正潛力感到困惑，公開這樣的結果造成科學方法（誤用流行病學）日漸失去公信力，幾乎任何東西只要被認為涉及某種疾病或其他因素都搞得人心惶惶。大多數人的維生素 C 攝取量偏低，然而，群體研究都是基於這些攝取量，對於那些可能有預防疾病效果的高劑量則很少列入研究。因此，臨床試驗和流行病學幾乎不太可能出現與維生素 C 明確的相關性，即使缺乏維生素 C 會導致疾病。

過去半個世紀，維生素 C 研究分成兩大派：高劑量研究與僅限於微量營養素攝取的傳統研究。主張疾病是我們社會活動的產物，從單一因素到曲解維生素 C 的作用，使得社會醫學一直以來備受爭議。流行病學研究會先調查群體的習慣，之後對照患病與健康群體的差異。在一個研究中，患有心臟病的人可能是攝取較多的脂肪，第二個研究則指出是缺乏維生素 C 或 E，另一個研究卻表示與糖有關。這些如環境生物學和生態學等學科素有軟式科學的名聲，因此，這些學科的性質很複雜，難以簡化與達到一般的準則。當查爾斯 · 達爾文（Charles Darwin）聲稱「我快要變成一部觀測事實與鑽研結論的機器」時，他要表達的是，某些特殊的性質是無法被統計分析所取代。

要提出確實的流行病學研究設計有很大的困難（註14），第一個問題就是選擇什麼作為測量因素，這是一個根本的問題，但許多研究者並不樂見，因為太多潛在的因素，而這個困擾在決策科學有一個絕貼切的形容詞——維數的咀咒（the curse of dimensionality）。不過，矛盾的是，當超過某個界線時，過多的因素反而會降低統計數據的預測準確度：研究中包含越多的個別測量數據，結果就越不精準。

假設我們希望透過飲食因素，例如維生素 C 找到與心臟病可能的相關性，但是，在這個研究中有數以千計的潛在可能性名單，從蘋果（Apple）到鋅（Zinc）不等（從 A 字母排到 Z 的所有食物都是可能性名單）。若要一一測量這些因素則有成本考量，以及實際執行的困難度。例如，我們很難準確推斷一千個人中究竟每個人每一年食用多少鹽。因此，若個人飲食中每一項都要採樣與測量，這顯然很不切實際，就算這個群體受到高度限制——例如士兵，只吃軍隊的食物——這個問題依然存在。即使是士兵，他們也會選擇要真正吃下肚的食物。士兵 A 或許討厭花椰菜，不過卻愛吃甜食和蘋果派，士兵 B 從不吃甜點，但卻每個月從家人那兒收到大包的食物。

通常研究員的解決方案很簡單，透過問卷調查受試者所吃的食物，然後從標準表中估算營養成分的含量。例如，調查員假設一顆蘋果重量為 100 公克，內含 25 毫克的維生素 C。然而，即使在這種情況下，很顯然的還是很容易會產生極大的估計誤差。蘋果的大小和品種不同，儲存時間點不同，處理和運送的方式不同，有些是有機的，有些是大量生產,而且蔬果中的維生素 C 含量差別很大。此外,受試者報告每日一顆蘋果很可能連自己都搞不清楚,或者忘了,又或者是在說謊。

佛雷明翰研究(The Framingham study)是二十世紀最大的醫療研究之一,對社會醫學研究發展極具影響力(註15)。在佛雷明翰研究之前,疾病臨床研究傾向於規格小或描述性的病例報告(註16)。佛雷明翰在新成立的美國國家心臟研究院的支援下進行首次長期研究,並且於一九六一年發表研究中前六年關於心臟病發展的風險因素報告(註17)。研究結果指出,高血壓、吸煙和高膽固醇在某個層面上與心臟病有關,雖然研究指出這些因素,但我們對該疾病的瞭解仍然有限。後續的研究仍然進行,過去五十多年來佛雷明翰收集的數據已協助一千多篇以上的科學論文問世(註18)。

佛雷明翰確定一些心臟病和中風的相關風險因子,但由於改變了我們對疾病原因的看法,因此引發一場醫學革命。據稱,佛雷明翰打破心臟病是單一因素造成的說法,並且開啟當今廣為人知的風險因素概念。這個結果促使許多研究人員專注於風險因素研究,而不是找出致病的直接原因,例如慢性壞血病(註19)。不幸的是,佛雷明翰的數據沒有提供相關訊息,以協助我們推斷心臟病是否為長期缺乏維生素 C 所造成的結果。

回歸基礎科學

歷史說明了當醫學捨棄基本科學方法,轉而注重流行病學和臨床試驗時,結果很可能會產生錯誤。十九世紀,醫生把肺結核(TB),

又稱為肺癆或白色瘟疫歸因為遺傳或體質因素，再加上環境中瘴氣或氣味兩種結合所造成的疾病。這些風險因子似乎說明了為何這種疾病會在家族中蔓延，因此被認為是導致肺結核的原因。

受益於科學知識的累積，我們很容易因後見之明而感到自喜。現在我們知道肺結核是一種潛伏多年，因感染而造成的疾病。在密閉空間被傳染的風險較高，攝取少量維生素 C 之營養不良的人、與肺結核患者共處一室，感染肺結核的風險會大大提高。然而，肺結核的危險因子為感染過程中的副產品，但卻被誤認為就是病因。

細菌導致肺結核，一八八二年，羅伯特 · 柯霍（Robert Koch）記述是結核分岐桿菌引起肺結核。結核分岐桿菌是一種生長緩慢，每十六至二十小時分裂一次的好氧菌。在為細菌染色以顯微鏡進行鑑別的新技術開發後，柯霍在實驗室裡發現肺結核病因，一九〇五年因為這項發現，他贏得諾貝爾生理學或醫學。 柯霍的成功說明了應用基本生物科學如何發現疾病機制，而不是靠社會醫學。透過專注於基礎的科學實驗，柯霍能夠明確指出單一的主要病因。一旦知道病因，同時間也說明了病因與危險因子的關聯性。

倫敦醫生約翰 · 斯諾（John Snow），人稱流行病學之父。不過，在一八五〇年代時，斯諾在倫敦霍亂疫情的研究是根據一項新發現的理論性病因。十九世紀中期，難聞的氣味被認為是感染的主要風險因子，瘧疾（malaria）字面上的意思就是「瘴氣，難聞的空氣」，因此這個經由蚊子傳播的疾病仍然保留這個概念，以此作為其現代的名稱。要知道為何難聞的氣味與感染有關很容易——飲用被污染的惡臭水可能會導致疾病，受到感染的傷口往往會釋出腐敗的氣味。當醫生們都假設難聞的氣味是導致傳染疾病如霍亂的原因時，斯諾的作法則是運用一種早期的細菌理論（註20）。

他因此終結倫敦霍亂疫情的蔓延（註21），透過在地圖上追蹤當地霍亂患者的人數，斯諾注意到一項與蘇活區布羅德街該區井水的關聯性。其他人也有製作感染地圖，應用這些數據來支持瘴氣疾病理論（註22），他們在地圖上標記這些患者的所在地。比斯諾還要早五十多年的瓦倫堤‧斯曼（Valentine Seaman）就已經運用所謂的追蹤地圖來報告紐約黃熱病的死亡人數（註23）。正當醫生們認為這兩種疾病的病因為傳染時，持反對意見的醫師則運用這些地圖進一步找出個別的病因（註24）。

斯諾的成功源自於他對感染理論的瞭解。他利用地圖和「流行病學」提供的數據資料來支持他的觀點，證明有特定的物種在散播這些感染毒素，我們現在稱這些毒素為「病菌」。蘇活區的井水因清澈與味甘受到青睞，當一位醫師根據瘴氣疾病理論推斷時，這個地區看起來不太像是會有病因的地方，因為水質清澈無味，因此與瘴氣疾病理論不符。不過，斯諾應用細菌理論找到病因，在撤除水井抽水機後，霍亂疫情終於告歇。

與約翰‧斯諾年代相近的另一位健康先驅工程師約瑟夫‧巴傑特（Joseph Bazalgette,1819-1891），他和斯諾一樣，成為疾病預防工程的先鋒，也可以說他做出較大實際的貢獻。他設計並建造倫敦下水道系統，以去除城市中難聞的氣味和泰晤士河的瘴氣，從而預防疾病（註25）。下水道設備改善了倫敦的衛生狀況，進而推廣到全世界。這是無心插柳的意外，巴傑特對瘴氣理論的因應之道使得數以百萬的人免於死亡。從解決與疾病看似不太相關的難聞氣味工程中，工程師拯救的生命可能比任何醫師都還要多。巴傑特終極的成就是運氣使然，一個基於錯誤推理的正確結果。

今天，我們期望能夠以確鑿的科學證據來找出病因，特別是生物機制潛在性疾病。然而，若以風險因素作為基礎，實際上我們的理解程度非常有限，很明顯這是不夠的，反而到頭來就像巴傑特一樣，預防疾病就要靠運氣了。還好有斯諾示範尋找病因不是光靠標記位置，那是流行病學既定的作法，而是要善用疾病機制的知識。

高劑量維生素 C 的抗病毒和抗癌作用機制已經確定（註26），若再加上來自醫生臨床觀察的顯著效果，這樣一來就有足夠的資料要求臨床試驗。斯諾的成就是基於對疾病的新認識，但是即使是現在，人們卻將他的成就著墨在風險因素的作法，稱他為現代流行病學之父。在斯諾那個年代，他的細菌論支持者比瘴氣論支持者還要少，同樣的，高劑量維生素 C 臨床試驗並不屬於目前醫學觀點的既定思維，它也就是以社會學為主的科學理念。

每當以風險因素來陳述醫學問題和疾病時，其中對生物的理解是不足的。要找出新的科學解釋很困難，這往往要仰賴某個科學家可以看穿一堆混亂的風險因素，並且提出一個簡單的模式或理論。大多數的醫療問題都有一個簡單的解釋，維生素 C 缺乏很可能是心臟病、關節炎和現代人許多慢性疾病的根本原因，不過，未來可以預見的是，當今醫學上研究疾病的風險因素作法，似乎不太有能力可以證實或駁斥這個見解。

真正的進步受限

當今在醫學領域中，社會科學和遺傳學已越來越出色，然而這卻不利於真正的發展。這種強調社會醫學是一種相對較新的方向，始於一九五〇年代的大力推廣。不幸的是，當醫學對疾病生理、生化認知越多時，科學的進展就越緩慢。由於採用這種新的方法，導致找出主要致病因素的醫學發展研究停滯不前。

疾病是我們社會活動的產物，這個想法支配著當前的醫學界。社會科學是一門著重實效性的臨床科學，對理論、生物化學和生理學較不看重。大規模的研究已成為首選的研究形式——確定次要風險因素的相關重要性。雖然這種從群體收集到的詳細科學數據非常有用，但它也可能限制醫學科技的進步，科學進步往往取決於基於實物證據詮釋的新理論。分子生物學技術在二十世紀下半葉有重大的進展，在一九五〇年代早期，羅莎琳德・佛蘭克林（Rosalind Franklin）、法蘭斯・克里克（Frances Crick）和詹姆士・華生（James D. Watson）共同發現 DNA 分子的結構為雙螺旋模式，這個簡單的理論促使遺傳學和細胞生物學迅速發展。然而，目前醫學界似乎嫌棄生物學理論，傾向於研究社會影響、風險因素與疾病之間統計數字的關聯。這樣的科學研究無法解釋疾病所涉及的機制，因此，解決醫學問題必備的理解能力變得越來越遙不可及。

實用醫學是一門專業而非科學，而且在越多精通醫師的掌控下，它甚至稱得上是一門技術。然而，這門技術受制於科學原則和實證，社會科學可以實用和有益，但它通常不被認為是硬科學。臨床試驗則是直接衡量治療成效，並且指出在實際的治療上是否可以達到成效，不過臨床試驗難以協助科學家瞭解與疾病相關的基本藥理或病理學。當實用理念、文化和當前作法主導醫學界時，創新與進步的腳步變得緩慢，然而，像一九二八年亞歷山大・佛萊明（Alexander

Fleming）發現青黴素的這種大躍進，通常都是來自觀察和實驗的結果。

探求「證據」

　　促進身體健康的傳統模式為經常運動、低脂低鹽飲食、每日食用五種有益蔬果以攝取維生素 C。根據當局的說法，如果平日飲食正常健康，我們就不需要補充維生素 C 營養素。各國政府將這些建議視同科學證據般地公告，然而，符合這些「健康」建議標準的人仍然有維生素 C 值過低、罹患癌症或因心臟病早逝的困擾。或許不吸煙，有運動的素食者早逝的人數較少，但是這仍難以安撫大多數的人。

　　人們變得越來越胖，吃更多垃圾食物，運動量變少，不過矛盾的是，自從一九五〇年以來，因心血管疾病而死亡的人數一直持續下降。近期死亡人數下降的資訊，對那些依賴大眾媒體訊息的人而言不外是一種驚喜，不過，這些眾所皆知的風險因素，如膽固醇並不能解釋為何二十世紀心臟病死亡率下降（註27）。如今人們隨時可接收許多有用的資訊，不過卻經常相互矛盾，多數是出於善意但缺乏有力的證據。通常專家提供的建議會符合當前認可的做法，或者至少會與一般大眾的看法一致。這些所謂的建議往往被視為是科學證據，相反的，替代醫學則被形容為未經證實的療法，而有臨床試驗支持的流行病學則成為這些科學證據的保證。

　　肺癌患者往往有吸煙習慣的這項發現，成為醫療「證據」最佳的說明代表。這種形式的關聯性有時可能有助於創新的科學假設或證實一個科學發現，但並不能做為證據的根據。

上個世紀前半葉，醫學科技有很大的進步，發現糖尿病的胰島素和治療感染的抗生素，開啟分子生物學和外科手術的躍進。從那時候起，醫學進展日趨緩慢，很少有突破性療法出現。近期許多進展大多來自其他學科，例如物理學的 X 光電腦斷層掃描和核磁共振影像。與科學相關的醫學包括生物化學和遺傳學則保持穩定發展，但在主要疾病方面並沒有重大創新革命性的新療法。

《現代醫學的興衰》（the Rise and Fall of Modern Medicine）一書作者詹姆士 • 樂范紐（James Le Fanu）醫師指出，社會醫學興起，再加上採用基因為主的方法來治療疾病是造成醫學發展緩慢的原因。醫學已不再探究重要的資訊，例如佛德瑞克 • 克蘭納（Frederick R. Klenner,1907-1984）醫師仰賴間接統計和測量來觀察大劑量維生素 C 的影響。就目前的情況看起來好像醫學科學已失去尋找治癒疾病的技術，反而著重在尋找「證據」，放棄科學研究的方法。科學是透過大膽假設小心求證來尋找事情來龍去脈的解釋，而不是追求所謂可以證明的「證據」。醫學不斷使用「證據」這個術語帶有「草包族」科學的意味，一種具備真正科學所有的條件，表面看起來像是遵循其規則，但卻是難以（或者至少效率很差）擴展基礎知識的偽科學。

「貨機崇拜──草包族」科學

一九七四年，物理學家理查 • 費曼（Richard Feynman）博士以「貨機崇拜」（cargo cult）意味「草包族」科學來形容一種現象（註28）。在那個時候，魔術師尤里 • 蓋勒（Uri Geller）因宣稱可以單憑自己的意志力將湯匙、鑰匙和其他無生命的物體彎曲而聲名大噪。費曼博士之所以有這個想法是因為蓋勒無法向他展示其彎曲的技巧好讓他研究。蓋勒宣稱的技術無法直接評估，費曼醫師不解為何巫醫可以行之有年，但其實只要簡單檢視他們的把戲就可以使他們原形畢露。

費曼想起南洋人發展出一種所謂的「貨機崇拜」現象。在第二次世界大戰中，飛機載著物資到群島，降落在臨時的機場。戰爭結束後，飛機不再降落，島上的居民則藉由建造兩側佈滿小火焰的新跑道以試圖重現當時的景象。他們創造一個近似當時的情境，一個男人坐在木屋裡面，頭戴竹天線耳機好讓這個幻象更逼真，一切都非常神似，但飛機從未降落。不過，雖然定期航班永遠不會抵達，但若有機械故障或燃料耗盡的飛行員或許可以利用偽機場，因此，這個跑道日後沒有飛機著陸的機率就降低了。

費曼博士指出貨機崇拜科學（草包族科學、偽科學）缺乏科學誠信。科學家永遠要留意不相符的數據資料，因為這種資料顯露出該理念的限制性和空洞。當另一種解釋與數據相呼應時，科學家們就要確認其一致性。一個好的科學家最不可能做的事就是將他們的研究當成科學「證據」。以此類推，「貨物崇拜科學」則是以多重風險因素為基礎，並且斷言為「證據」，表面上看起來像科學，但其實它並未有真正的理解。

科學不可能證明什麼——這不是科學的運作方式。一位科學家產生一個想法，稱為假設，例如大量維生素 C 可以摧毀癌症。於是這位科學家進行試驗或找相反的例子以試圖推翻或反駁這個想法，而且這個想法可能會在新資料出現後修改。這個過程會不斷持續，直到這個想法被證明是錯誤的，並且可以由另一個想法取而代之。這種作法的現代形式源自於哲學家卡爾 • 波普（Karl Popper）。然而，這個

消化性潰瘍和「證明」的概念

消化性潰瘍的例子說明了醫學上「證明」的有害影響。在科學上，某東西可以被證明的概念不僅是錯誤的，而且會暗中阻礙進步。例如，如果醫生認為胃潰瘍已被證實是壓力造成的，那麼他們就沒必要再尋找更好的解釋。多年來，人們認為是壓力導致胃酸，進而造成消化性潰瘍。患有潰瘍的人被告知要改變飲食，包括可使胃酸變弱的食物，而基本的藥物則是碳酸鈣，俗稱粉筆，可以緩和胃酸。

有大量的數據顯示胃酸增加與胃炎（發炎）有關，而且最終會變成潰瘍。出於這個原因，胃酸增加可能具有刺激性，進而造成傷害的提案如雨後春筍般地發表。一九七六年，當藥物喜胃治錠（Cimetidine）問世後，胃酸過多是導致潰瘍的想法達到高峰期。研究人員在胃中發現一種與胃酸和潰瘍風險增加有關的發炎激素組織胺受體，而喜胃治錠和其他相關藥物則可以阻斷這些受體，進而降低胃酸。

當醫學不完全明白一個疾病其中的生理學與病理學時，往往很容易推諉到某種心理作用（註29）。處於壓力下的人被認為患有消化性潰瘍的可能性較大，而動物研究也支持相關的看法（註30）。在人類中，白領階級（他們很奇怪被認為是處於高度壓力之下）患有這個疾病的人數比勞動階級還多，不過，從科學挑戰的角度看來，這個解釋很明顯缺少原因。近年來，研究人員都可能認為，幾十年來關於這個常見疾病的研究已提出了「證明」，證實壓力和胃酸會導致消化性潰瘍。標準生理教科書陳述的論據為人類消化性潰瘍的原因是壓力（註31）。

　　一九八〇年代早期，西澳大利亞皇家伯斯醫院的羅賓‧沃倫（Robin Warren）醫師從慢性胃炎患者的樣本中發現細菌。胃潰瘍產生時往往會有胃炎的症狀，這些細菌存在於大約一半的標本中，而且數量之多只要透過一般檢查就可以發現。然而，這些小細菌對病理學家似乎是新發現，後來被命名為幽門螺旋桿菌。這些以前未知的細菌存在於大多數患有胃炎和胃潰瘍的人的胃中，因此，一個抗生素療程就可以除去細菌，同時也治癒潰瘍和胃炎。

　　幽門螺旋桿菌目前是一個公認的潰瘍病因，抗生素則是標準的治療方法（註32）。即使低碳水化合物飲食可以預防和舒緩許多人胃灼熱和胃炎的症狀（註33），值得注意的是，有好多年的時間，醫療機構並不接受這些發現。傳統的解釋為醫學要嚴謹，在研究結果要成為治療方法之前需要大量的驗證。但更諷刺的是，像喜胃治錠這類組織胺的藥物在專利下仍然有利可圖——當幽門螺旋桿菌接受度不高的那段期間，它們成為處方在櫃檯就可以直接購買。

　　發現消化性潰瘍是一種感染病終究成為現代醫學成功的案例。科學災難歷經時間的考驗和廣泛宣傳或許可以反敗為勝。在這個案例中，醫學無能的程度令人震驚，一個常見的疾病，相對上容易研究，但卻被誤解幾十年。任何一位醫師或病理學家只要檢查患者的胃部組織，就可能可以取樣並識別出有問題的細菌。這項醫學科學的失敗顯然就是依賴間接證據，而沒有研究疾病機制的結果。科學容不下「證明」這種概念，它會扼殺創新想法，並且包庇既得利益者。

方法在形式上與蘇格拉底式哲學的問答法有些類似，其中涉及到反駁論證，為了反駁的目的而盤問。在實驗中，科學家從不受限的推理和論點中產生新的想法，如果實驗結果不如預期，那麼很可能是另一種解釋。實驗測試這些想法，結果可能是正確的或被反駁。這個從出現想法、測試想法、拋棄不適用的想法的過程是非常有影響力，並且不斷促進人類科學知識的進展。

　　貨機崇拜科學一個主要的特點在於缺乏說明。在一個真正的機場中，控制員的耳機會收到來自飛機的無線電訊號，這可以比喻為基本物理，也是控制員頭戴耳機的目的，然而竹子耳機並沒有這項功能，不管它做得多麼精美逼真酷似真品。當醫生們開始研究風險因素模式，並且貶低基本科學機制時，醫學研究則已淪為採用貨機崇拜科學的做法。

維生素 C 的誤解

　　還有一個相對較新的「實證醫學」引起不少騷動，但這並不是一門科學學科。對照之下，「實證物理」這個名詞聽起來就很奇怪與荒謬（註35）。物理學是一門嚴謹的科學，然而這個想法表示部分的物理學是基於實證，意味著有一些物理學並未基於實證，這似乎很不合理，實證醫學這個術語顯示出醫學科學正邁入一個錯誤的方向。

　　當我們在寫這本書時，媒體充斥著關於維生素 C 對一般感冒無效的報導。標題包括「維生素 C 對預防或治療感冒無效」「C 是世上最可悲的維生素」和「維生素 C 對感冒幾乎無效」，騷動隨著小幅更新早期一篇科克倫（Cochrane）評論而起（Cochrane 圖書館為重要的實證醫學資料庫），其中包含一些附加訊息，並沒有新的結論，但是這個微不足道的更新卻在世界各地產生負面的宣傳（註36）。科克倫合作網是一個國際性非盈利組織，致力於提供大眾最新的醫療保健資訊。它聲稱提供黃金標準的實證醫學研究，但偏見與對維生素 C 先入為主的想法已侵入該組織，我們將會探討科克倫在維生素 C 與感冒的研究，作為醫學上偽科學的範例。

一切攸關劑量

對於預防感冒所需的攝取劑量經常被誤解。劑量——反應關係是基本的藥理作用：劑量大小影響大多數生物的反應，這項發現已非常確定，幾乎無須一再重複試驗。然而，哈里‧海米拉（Harri Hemilä）和同事在編制科克倫評論時，很顯然相信他們可以透過應用統計打破基本的藥理法則。

對大多數人而言，預防感冒的維生素 C 劑量在 10 公克左右或以上，這個最初的研究結果由克蘭納醫師提出，然而，海米拉的研究認為只要 200 毫克以上，也就是克蘭納醫師提出的最小劑量的百分之二。科克倫評論包括三種區間劑量：每日 200 毫克至 1 公克；每日 1 公克至 2 公克；每日 2 公克以上。不過，其中每日超過 2 公克以上的預防性研究只有三篇，而且每份研究所使用的劑量只有 3 公克（註37）。

一些實證醫學的支持者似乎認為，一項好的試驗要根據其研究大綱遵循特定的處方進行，這些處方規定研究必須包括隨機和安慰劑對照組。在科克倫評論中的維生素 C 研究並未達到可以有效預防感冒的最低要求攝取量（註38）。然而，令人不解的是，科克倫評論認為萊納斯・鮑林大力推崇維生素 C 的主張刺激了一波「有效試驗」的風潮，所指的是隨機、安慰劑對照組的臨床試驗，而不是那些精心設計，實際執行宣稱有效維生素 C 劑量的實驗。科克倫聲稱這些試驗有助於我們瞭解維生素 C 在預防一般感冒的作用，不過，我們會感到萬分驚訝，如果鮑林博士認為這些所謂的有效試驗與使用高劑量維生素 C 對抗一般感冒的研究有任何的關係。

　　這些評論的劑量不是不恰當就是不足，完全沒有考慮藥理學的規則。沒有提供任何數據關於每日 3 公克以上的劑量可否有效預防一般感冒，儘管如此，科克倫評論的報告結論數據為，維生素 C 一般的應用劑量在 3 公克或以下，劑量不拘。試想，如果以研究蘇格蘭威士忌的影響作為比喻，眾所皆知，一杯威士忌會讓人感到溫暖，二杯可能使人微醺，一瓶或二瓶可能致命。如果根據科克倫研究法來調查威士忌，他們的研究員可能會審查那些喝下五分之一杯以上的人的報告，由於沒有受試者喝醉，於是審查的結論為人們因酒精而酒醉的報告顯然是一個荒謬的說法，隨後世界各地很可能會出現「威士忌無法讓人沈醉！」的頭條新聞。

　　如果預防一般感冒的要求劑量很大，那麼用於治療的劑量更是屬於大規模。1 或 2 公克的維生素 C 對於已經感冒或受到類似感染的人已發揮不了太大的作用，這是無庸置疑的。強化這個主張的人試圖詆　　使用高劑量維生素 C，不過，我們之前已經說明 1 公克維生素 C 算不上是高劑量。卡斯卡特博士觀察到當人們感冒時，他們的維生素 C 攝取量可以比平時多很多（註 39）。一般健康的人的腸道耐受力大約一天可以攝取 4 至 15 公克的維生素 C。對於有輕微感冒的人，其腸道耐受力會提高至 30 到 60 公克，重度感冒的人甚至會增加到 60 至

100 公克，或者更高（註 40）。卡斯卡特博士建議將每天的總劑量分成
15 次攝取，以保持一個穩定持續的攝取量（註 41）。

科克倫實證醫學研究並沒有達到這些劑量，而是使用小劑量進行
治療與預防的研究。科克倫研究中的維生素 C 最大劑量比那些有效
治療方法所要求的劑量少十倍以上。海米拉和同事多次引述一項研
究，該項研究以 8 公克單劑量來治療初期感冒，他們宣稱該治療結果
為「效果不明顯」。不過，另一項研究為生病第一天分別給予 4 公克
和 8 公克的劑量作為比較（註 42），4 公克劑量組的平均生病天數為 3.17
日，8 公克劑量組則為 2.86 日，結果非常顯著。這些結果說明 8 公克
單劑量的效果遠大於 4 公克的反應。儘管在治療方面，8 公克劑量事
實上往往被認為是不夠的，不過，這些結果與高劑量維生素 C 在反
覆臨床觀察的結果一致。

大多數人明白低劑量藥物或許可以預防疾病，然而當疾病形成
後，該藥物的劑量必須隨著病情的嚴重性增加。抗生素就是一個例子：
低劑量口服抗生素可以用來預防感染，但一個人若生病了，劑量就需
要增加。在科克倫實證醫學的研究中，維生素 C 的劑量與反應之間
的關係似乎是無關緊要。

藥物代謝動力學

藥代動力學是研究一種藥物如何被吸收、如何分佈於體內，以及
如何排出體外。有一些物質較難吸收，而這可能占有一些優勢，例如
氧化鎂偶爾可以用來預防便秘問題，其他物質如高劑量維生素 C 很
迅速即可排出體外。瞭解藥物或營養素的運作機制很重要，這樣我們
才能夠知道它們的吸收和排泄方式。

　　藥物與營養素經常相互影響，並且會與一種名為受體的蛋白分子結合，它們的形狀吻合，正如鑰匙和鎖的組合。生物效應取決於受體與藥物或營養素結合的百分比，如果體內濃度較低時，藥物或營養素與受體結合的比例就會變少，相對的反應也會變小。隨著局部藥物的濃度增加時，藥物和營養素與受體結合的比例就會增加，生物效應的反應也會越大。在高劑量之下，幾乎所有的受體都會與藥物或營養素結合，產生一個最大化的反應。大多數的藥物反應和營養素作用在體內的運作方式都是如此。

　　維生素 C 會與酵素和其他蛋白質進行交互作用，不過抗壞血酸也可作為一種抗氧化劑，當它作為抗氧化劑時，它會捐出電子，但是其可用的電子數量取決於維生素 C 含量，而維生素 C 的效益反應與劑量有很大的關係。例如，人體體內若維持低劑量的維生素 C 值，其有效的半衰期大約長達八至四十天。相反的是，體內若維持高劑量維生素 C 值，其排出體外的速度則會快好幾百倍以上。因此，高劑量維生素 C 的效益是無法以低劑量維生素 C 的數據來推算。

　　之前我們以避孕藥為例，說明劑量頻率的重要性。避孕藥通常是每天服用一次單劑量，周期為一個月。一整個月的劑量不可以在月初時就一次全部服用，因為這麼高的劑量很可能具有毒性作用，而且可能無效。此外，藥效中的激素會經由血液快速排出，所以，為了發揮避孕效果，避孕藥得採取每日服用的方法。有些婦女抱怨她們只少吃一或二次避孕藥就懷孕了，這個過程從藥代動力學中就可以預測得到。錯過劑量意味著血液濃度在短時間中回到基準水平，體內幾乎沒有抑制避孕的受體分子，因此，很少有醫生會感到驚訝，如果婦女因沒有定期服用避孕藥而懷孕。

　　維生素 C 的排泄半衰期很短，所以，一顆錠劑並不會提高血液濃度超過幾個小時，於是在接下來的時間裡，血液濃度會回到基準水平。然而，科克倫實證醫學評論中關於維生素 C 與一般感冒卻沒有考慮劑量間隔的因素。期望每日一次單一劑量維生素 C 就可以預防感冒，就等於是一個女人期望一個月吃一顆避孕藥就可以避孕的道理一樣。科克倫評論指望當體內沒有維生素 C 存在時還仍然可以發揮作用。例如，一個人早上服用 1 公克維生素 C，到了下午時，她的血液濃度很可能已回復到基準水平，當她從工作地點坐公車回家時，從一位已感冒的公車司機手上拿到她的車票。這時感冒病毒會進入她的身體，經過整晚不斷地增殖，她的血漿維生素 C 濃度驟降，第二天早晨，當她再服用另 1 公克的維生素 C 時，該病毒早已存在她的身體裡面，並且加速繁殖。這樣的劑量甚至也很難使她的血液濃度回復到基準水平，對她的感冒狀況可能影響很小，或者幾乎不會有任何效果。

科克倫實證醫學評論——「貨機崇拜」科學（偽科學）？

　　科克倫實證醫學評論指出高劑量維生素 C 用於治療一般感冒效果可能不彰，他們表示，在卡斯卡特博士和其他獨立醫生的報告中，「他們未受控制的實驗，無法提供有效的證據」。在此，我們來到一個是非顛倒的世界，絲毫沒有邏輯可言。對那些編制科克倫實證醫學評論的醫師而言，多項由獨立研究人員所做的重複、直接實驗不只比單一臨床試驗不重要之外，而且還不具有任何證據價值。

　　從科克倫實證醫學的觀點表示，目前並沒有明顯有效的證據指出聖海倫火山於一九八〇年五月十八日當日有爆發過一次。你或許看過電視記錄、在報紙上看到報導，或者親眼目賭。你或許知道那些測量地球震動或採集、測量與化學分析火山所噴出的岩石的科學家們，你可能有該火山活動單獨的記錄和測量的衛星圖像副本。然而，對科克倫實證醫學合作組織而言，這些資料都是無關緊要，無法作為有效的證據，因為它們為非控制性的觀察。

另一方面來看，當科克倫評論表示地質學家沒有火山或地震存在的有效證據時，那麼，其他科學家們不就更慘。以直接、重複觀察與測量為基礎的物理學不就應該成立一門新的分支學科，我們建議該學科名稱為實證物理學，而且有效的唯一證據則是透過使用柯克倫合作組織規定的重複統計試驗方法所得到的結果，其中數學和邏輯很可能會完全被忽略掉。

在一份明顯是針對公眾和新聞界的總結報告上，科克倫的研究報告宣稱，「在三十份涉及 11,350 位患者的試驗中指出，定期攝取維生素 C 對大眾一般感冒的發病率沒有任何影響」。這是一個很籠統的說法，暗指補充維生素 C，不管劑量或次數多少，都沒有預防一般感冒的效果。然而，要支持這種說法，研究人員就要證明他們已測試了適當的劑量，但他們並沒有——他們所測試的劑量都太少。維生素 C 基金會的建議為：「在感冒或流感的初期徵兆時，每二十分鐘一次開始攝取至少 8 公克（8,000 毫克）的維生素 C 長達三至四個小時，直到達到腸道耐受力」，之後每隔 4 至 6 個小時繼續攝取 2 至 4 公克的小劑量，連續十天以預防復發（註43）。

讀者被告知自行決定，取決於他們對科克倫評論維生素 C 與一般感冒的信任度。我們同意萊納斯・鮑林醫師的看法：人們應該「隨時抱持懷疑的態度——永遠為自己著想」。如果實證醫學排除有價值的資源，結果可能會適得其反。任何可重複、容易被複製的實驗都可以提供比臨床試驗更直接與更可靠的證據。

暗淡的黃金準則

按照慣例，醫學「證據」的核心要求包括隨機、安慰劑對照臨床試驗，這是人體治療測試的基本實驗形式。任何主張維生素 C 有效的言論往往因被要求查看臨床試驗資料而被駁回，正如我們所見，其他所有的證據也不受重視。其中一位權威醫師甚至辯解關於克蘭納和卡斯卡特醫師使用高劑量維生素 C 顯著效果的報告可能只是一廂情願安慰劑的效應。可以確定的唯一途徑是透過臨床試驗，不過，這像這種逾期五十年早該執行的臨床試驗，想必也不會是任何正統科學家在未來可能會進行的研究。諷刺的是，醫學組織要求這類證據，但卻不提撥可以付諸實現的資金——真是一條完美的「第二十二條軍規」（表面看似合理卻相互抵觸的法規，因而使人陷入窘局）。

臨床試驗面臨公眾的不信任，然而有關當局仍然繼續視這些形式的臨床醫學為「黃金標準」。製藥公司把它們當作一種廣告形式，不斷地佔據試驗的主導權（註44）。但一般民眾懷疑這種臨床研究，大多數美國人都不信任來自製藥公司的研究資訊（註45）。隨著時間的推移，越來越少人願意接受臨床試驗的結果，從一九九六年估計的百分之七十二的人數，到二〇〇二年時已下降至百分之三十。哈里司互動（Harris Interactive）市場研究和民意調查公司估計，大約只有百分之十四的美國人認為製藥公司是誠實的，這個數字相當於他們對煙草、石油和二手車產業的看法（註46）。今日，有百分之七十的人認為製藥公司把利潤擺在病人的利益之上（註47），就如同商業公司一樣，利潤是它們存在的理由。

知識日新月異，即使面對驚人的觀察結果，我們仍然要抱持適度的懷疑態度，例如垂死的兒童在注射抗壞血酸後的幾分鐘之內漸漸恢復（註48）。在審視現有的證據時，重要的是我們要留意科學資料中的基本問題，例如，有患者病情自動好轉，自發性緩和的狀況比我們想像的還要普遍，而這可能會混淆實驗的結果（註49）；需求特性又是另一個問題：有些患者只報告一些他們醫生想聽到的結果；基於相關效應和努力的理由，患者覺得有必要為其效果和治療代價合理化（例如「化療既艱苦又昂貴，它一定是有效的！」），但是，在臨床試驗中，最受重視的因素為安慰劑，儘管正統醫師如此宣稱，但是安慰劑效應實際上是不能用來解釋大劑量維生素 C 的臨床觀察。

強效安慰劑？

經典與著名的安慰劑（Placebo 拉丁語意為「我感到歡喜滿意」）效應是當患者期望病情好轉，並且他們的狀況也得到改善，不管治療的結果如何。醫生認為這種效應影響很大，所以新藥物在問世之前要與虛擬藥錠進行對照，也就是所謂的安慰劑對照試驗。這些試驗目的是要確保至少有些患者病情改善是因為藥物，而不是因為醫治患者的這個舉動。

儘管人們普遍認為安慰劑有其效應，但一些科學家們仍然表示質疑（註50）。實驗中有太多的因素可能導致安慰劑產生明顯的效應，而且有一些其他的機制或許可以解釋安慰劑效應。例如自發性好轉、病情波動、附加的治療、有條件式的轉換安慰劑治療、不相關的反應變數、有條件式的回答、神經質或精神症的誤判，以及身心現象都會造成安慰劑效應偏差的影響。在完善設計的試驗中，使用對照組則是減少偏見來源的一種方法。

安慰劑效應或許是一種心理作用的反應，一種養成的反應，不管治療結果如何。根據這個觀點，維生素 C 效應的報告很可能被解讀為一種從治療調節反應所產生的安慰劑效應。另一種描述心理效應的安慰劑則為主體預期作用，也就是主體期望結果發生，因此不自覺地操控實驗或報告預期的結果，因而出現偏差。這個類似觀察員預期效應，也就是當研究員預期一個結果出現，並且不自覺地修改實驗或曲解資料，目的只為了看見預期的結果發生。因實驗人員的偏差進而引進雙盲臨床試驗，也就是實驗人員和患者都不知道誰正在接受治療，或者使用安慰劑，直到實驗產生結論和分析出結果。

安慰劑是一種無效藥物或物質，不具有藥理作用，但可能有心理治療的價值。它所延伸的其他意思為包括任何治療或過程，但沒有直接生物化學的作用，不過，或許可能會誘發心理的反應。反安慰劑（nocebo 拉丁文語意為「我會受到傷害」），也就是患者認為治療會造成傷害，並且當接受無效藥物時，可能會引起不良的副作用（註51）。正統醫學對維生素 C 的見解為如果有任何效益都歸因於安慰劑效應，然而，只要有一點副作用（或許是反安慰劑效應）就會大做文章。

大部份臨床試驗的設計都將安慰劑效應視為理所當然，不過，這與事實卻有所出入。科學家利用對照的臨床試驗來觀察安慰劑與沒有治療的對照結果。無數的安慰劑效應研究正在進行，最近有一百三十份這類的實驗分析報導（註52）。其中令人吃驚的是，在這麼多的研究調查中，沒有一個可以區分出是安慰劑效應或是疾病自然的歷程。看來人們從疾病中自然恢復，其自我療癒力也可歸因於安慰劑效應。這些實驗結果指出，安慰劑效應從生理方面可能引起的反應是非常有限（註53）。或許出人意料的是，這些實驗數據指出，在維生素 C 最終結果的試驗中，安慰劑對照並不重要。最終結果指的是病人死亡、症狀突然終止、疾病治癒或一些直接的生理反應。一百三十份的安慰劑試驗調查中，其中因結果數據不足而被排除的有十六份，包含明確結果的有三十二份，其中總共涉及三千七百九十五位患者。這些試驗都表示沒有安慰劑效應，不管結果是主觀還是客觀。

這些研究結果的結論顯而易見。儘管那些將安慰劑形容為神奇或騙局的說明或許過於誇張，不過人們已嚴重高估它的效益（註54）。例如，把使用維生素 C 治療癌症末期患者，結果產生多於五倍存活時間的研究歸因於安慰劑效應，這點就實在說不過去了。簡而言之，如果安慰劑對治療癌症真的那麼有效的話，那麼當前的醫療技術都應該感到羞愧才是。

現在回想起來，安慰劑效應的局限性應該是意料之中的事。基礎科學和重複觀察應優於統計之上，不過，實證醫學主張一個物理事件，例如射中人的心臟會造成死亡也只是一種推測而已。很顯然，這需要進行一個隨機、安慰劑對照的臨床試驗，以顯示物理屏障的效益，例如凱夫拉防彈衣。我們需要統計數據表示，也就是和穿防彈背心對照組相比，有更多的人因被射中心臟而死亡。理性上，為避免因子彈受傷，防彈背心並不需要安慰劑對照的試驗——我們理解其中的機制，而且結果非常明確。

在維生素 C 與病毒感染的案例中，其聲稱的症狀完全停止與「治癒」效果是任何其他物質或藥物無法達成的成效。維生素 C 與普通感冒的案例，由於這種疾病通常比較輕微，所以討論多少偏重學術性。然而，現代醫學拒絕罹患嚴重病毒感染或癌症末期的患者以維生素 C 作為治療方式的選擇。既然沒有任何有效的替代療法，而一個安全性高，聲稱效果又好，風險又小的療法顯然是一個合理的決定。

主觀性的結果可能會使安慰劑產生有益的影響。疼痛是非常主觀且有持續的特性，以及例如抑鬱症之類的精神問題，或許會有安慰劑的反應表現。連續結果是當效應從輕微到顯著的反應：例如病人被問及他們的疼痛程度，從 1 到 10 的級別來表示。小規模試驗可能會使安慰劑效應產生偏差，然而當人數增多時，安慰劑效應偏差的情形似乎會越來越小。一份總共涉及 4,730 位患者的多重小規模（82 個）連續結果試驗中，不難得知，其中主觀試驗均表示安慰劑是有效的（註57）。不過，值得注意的是，有二十七個臨床試驗顯示安慰劑有助於疼痛治療的效果。

安慰劑效應難以解釋醫生們在大劑量維生素 C 臨床觀察所得到的效果，因為如果安慰劑對病毒的治療效果可以達到如克蘭納和卡斯卡特醫師所描述的維生素 C 成效，那麼我們就無需擔心這些感染了。不幸的是，即使最強效的傳統抗病毒藥物其對抗嚴重病毒性疾病的效果始終不彰。

雖然安慰劑效應顯然有其侷限性，但醫學上並不能以此輕忽大腦和心理狀況的效應。人們過於高估安慰劑效應，卻低估了心理醫學的潛力，其實心理醫學比不起眼的安慰劑具有更大的效應。而且，就正統醫學一面倒的認為克蘭納、卡斯卡特與史東醫師的維生素 C 臨床觀察都是安慰劑效應的反應相比，心理醫學反而還更具有安慰劑效應的說服力。

隨機試驗

隨機雙盲安慰劑試驗被視為臨床證據的黃金標準，在醫學界具有崇高的地位（註58）。然而，如果沒有生理學、藥理學、生物化學這些基本科學做為基礎，臨床試驗的效用會非常有限。稍加修改後，臨床試驗也適用於貝德福特‧希爾（Bradford Hill）流行病學的條件。臨床試驗只是一種技術，用來衡量治療方法的實用價值，不過，過度強調臨床試驗的重要性，反而貶低其他資料來源，例如自然史研究、臨床經驗和案例報告。多年以來，這些資料累積無數維生素 C 效益的證據，雖然實際測量的隨機對照試驗很重要，但卻不是科學資訊的唯一來源。

選擇臨床試驗的患者始終是一個問題，每個人都是獨立的生物個體，對疾病和治療都有個別的反應（註59）。甚至因無意識偏見而選擇的患者，也都可能產生不正確的結果。為了減少試驗偏差的可能性，臨床試驗的患者往往以隨機的方式分配至治療組或對照組，然而，有效的隨機化在現實中很難實踐，舉例來說，隨機選擇需要一定的標準，例如其在臨床上呈現的健康狀況。即使整個群組是完全隨機分配，但中途若有患者離開也可能會產生偏差。在選擇性淘汰的過程中，有些從治療中毫無受益或者飽受副作用之苦的患者會退出，進而留下更多具有正面成效的族群。

許多臨床試驗會挑選條件相當的人分成兩組——特別挑選年齡範圍相當，或者兩組的男女人數平均。不然，隨機選擇很可能會造成二組男女人數不平均，例如十二位患者為一組的試驗中，其中一組有四位女性，另一組有十位女性。又或者，隨機選擇的治療組很可能平均年齡為七十五歲，另一個隨機對照組則都是青少年。以上是極端的例子，研究人員很容易就可以發現其中明顯的差異，不過，由於要匹配的特徵非常的多，隨機化很容易將許多不匹配的特徵（例如血型）分成兩組，因而產生極大的差異性。瞭解疾病過程的基本知識，在特定的研究中可以指出其中重要的匹配特徵。儘管經過匹配，隨機對照的臨床試驗受試者仍然是完全不同的生物個體。

回歸平均值

臨床試驗其中一個奇怪難以解釋的現象是，試驗的第一次結果可能非常卓越，但後續試驗的治療效果比較不顯著。這種趨勢是回歸平均值，其中極端的結果會隨著時間的推移變得比較平均。當出現偶發的治療效果時，回歸平均值可能會導致錯誤的結論，這也可以解釋臨床試驗數據為何可以大力支持安慰劑效應的存在（註60）。臨床試驗中選出的一群人並不是全體的代表，而是有所偏重，顧名思義，是因為他們罹患疾病。通常，在臨床試驗一段時間後，患者的病情會好轉或回歸平均值，然而，在大多數的臨床試驗中，回歸平均值與安慰劑效應兩者很難區分。

一八八六年，查爾斯‧達爾文的表弟，英國統計學家佛朗西斯‧高爾頓（Francis Galton,1822-1911）首次提出「回歸平庸」一詞，而現在其更貼切精確的名稱為回歸平均值。高爾頓測量成人與其父母的身高，他發現當父母身高大於平均值時，小孩的身高會比父母矮。然而，當父母身高低於平均值時，其孩子的身高往往要比他們的父母高。飛行教官提供一個更新近的例子：當飛行教官稱讚受訓飛行員完美降落後，往往他們的下一次降落就會有失水準（註62）。這也不難瞭解，為何教官們會認為稱讚學員是適得其反，不過，其真正的原因是為回歸平均值（註63）。

在一些研究中，診斷患有某種疾病的患者可能還有另一種疾病，或者甚至很健康，臨床診斷可能是主觀的（註64）。在這些情況下，實驗可能完全誤導結果，因為受試者甚至並沒有該疾病。另一種錯誤來自於患者同時間接受不止一種治療，因而產生交互作用（註65），得到的結果或許是來自其中某種治療或多種治療的交互作用。從一個實驗中所得到的原始數據很難解開這種多重治療的干擾，而且當變數很多時，這更是一個明顯的問題。

不可靠的結果

臨床試驗和流行病學的理論主要是基於統計學，但許多臨床研究提供令人難以置信的統計結果。北歐科克倫實證醫學中心的彼得・格澤（Peter C Gøtzsche）最近研究二〇〇三年發表的臨床試驗統計數字（註66），他發現許多報告數據很可能都有誤差，這些結果來自於小族群受試者的研究計算，或者是集結多種偏見的結果。在二百六十個有潛在偏見結果的試驗報告中，有百分之九十八並未加以說明。格澤在驗算二十七份試驗的計算後發現有四分之一的結果被認為「並不顯著」，事實上結果是很顯著的。此外，二十三份註明結果非常顯著的報告，其中有四份是錯誤的，五份令人懷疑，另外四份則尚待說明。

理論性結果顯著的報告一般應不採信。理論性研究報告往往只有細節，通常不會包含支持的數據（註67）。當研究一種新藥物時，人們通常會對這個藥物產生正面的偏見。例如，在全部八十二個兩種抗發炎藥物對比的研究中，其中有八十一個在結論或理論上存有偏見，一致青睞新藥物勝於對照的藥物（註68）。根據這個資訊，醫生們可能更有意願開立有利可圖的新藥物處方，即使它的實際效果並沒有優於現有的藥物。

許多臨床試驗的設計旨在產生顯著的效果，通常在試驗中有大量的統計測試，事實上，超過二百個以上的統計測試有時會在程序中分類（註69）。在試驗中，用相同藥物做二百個測試幾乎必定會產生一個或多個偶發的顯著效果。因此，新藥物在統計數字上會有顯著的進展，即使與它對照的是同一種藥物。透過增加測試的次數，製藥公司就可以非常肯定地得到一個有助於行銷這種藥物的結果。

有時候，附加的測驗會被用來竄改臨床試驗的結果。在對照研究計劃與已公佈報告的臨床試驗調查中發現，選擇性地使用數據因而高估了治療的效果（註70）。這種選擇性的報告偏見甚至會在政府資助的「高品質」研究中出現（註71），因而使得醫學文獻成為集結選擇性與偏見研究結果的代表（註72），而且通常是用來推廣療效未必比現有治療法更好的新藥物。

整合分析

越來越多人使用整合分析，這是一種總結大量臨床試驗結果的統計方法。最近一項分析指出，抗氧化維生素會增加死亡的風險（註73）。然而，研究人員從最初考慮的眾多論文（16,111）中挑選出一小部份的論文（68），而且是在研究人員充分瞭解研究結果後所挑選出來的。很顯然，研究人員無意識的偏見可能會產生誤導的結果（註74）。由於呼應媒體對補充品的反對立場，這篇論文在一般新聞和醫療報告上有很高的知名度。維生素 C 成為這些不實報導的特定目標，然而，持續過度渲染維生素 C 恐怖的故事似乎使大眾對醫療機構的信心日漸瓦解。

正統醫學甚至從不考慮大劑量維生素 C 對多種疾病的作用，這是由於他們假設維生素 C 已被「證實」只需要小劑量所造成的結果。正如我們所見，研究人員誤以為身體的飽和量只有 200 毫克，超過就無法吸收。在這個前提下，我們就不難瞭解為何大量維生素 C 會被認為不科學，畢竟，醫生或許會想，這只不過是維生素 C，一種存在於蔬果中的無害白色粉末，就算維生素錠讓你症狀好轉，他們也會將之歸因為安慰劑效應。

問題是反對維生素 C 的立場薄弱，而且使用劑量和聲稱的功效遠遠大於正統醫學顯然能理解的程度。雙盲安慰劑對照臨床試驗是醫學的「黃金標準」，但往往被大眾及更嚴格精確學科的科學家們質疑。維生素 C 功效的聲稱是客觀的、效果非凡，不能與安慰劑相提並論。仰賴臨床試驗和「證明」的作法阻礙了醫學的發展。所有醫學治療取決於生物物理學、生物化學和生理學的基礎科學論據，而維生素 C 則是以上兼具。

總結

"*Actually, we can make more ascorbate than a dog, cat, or rat, but in our chemical plants; we just have to have the brains to know how to take the massive doses necessary in acute situations.*"

「事實上，我們可以生產比狗、貓或老鼠更多的抗壞血酸，只不過是在我們的化學工廠裡不需要很費力氣來製造與儲存；我們只需要俱足智慧，知道如何在緊急的情況下攝取超大劑量。」

——羅伯特・卡斯卡特（Robert F. Cathcart III, M.D.）

　　維生素 C 的故事可以追溯到我們人類祖先早期的演化。由於史前基因演化，壞血病一直困擾著整個人類的歷史，每當膳食維生素 C 供應不足時。科學家分離出維生素 C，並且確定它是抗壞血酸，一種簡單的有機分子，僅僅是幾百年前的事而已。只要幾毫克這種便宜的白色粉末就可以預防或治療急性壞血病，壞血病至今仍然存在，但醫生有時會誤診為一種嚴重的感染，因為這種急性疾病已經很罕見與不尋常了。

　　人類演化經歷各種時期的環境危機，而在這些時期中，人口幾近滅絕。當時，可能只有幾千名早期人類存活，這些人在糧食短缺和饑餓的情況下或許備感飲食的壓力。出人意料的是，體內無法合成抗壞血酸的人類和動物在糧食短缺時似乎具有生存的優勢。**由於他們無需使用必需葡萄糖和能量來合成維生素 C，所以能量得以儲存**，相當於每日一小杯牛奶的能量。因此，如果我們沒有失去維生素 C 的基因，我們這個物種或許無法存活下來。

　　近來，隨著預期壽命逐漸延長，人們的慢性疾病發病率增加。然而，幾千年前，我們的祖先為生存和繁殖努力，這類的疾病和尋找食物與不被天敵吃掉相比根本不算什麼，史前人類幾乎沒有人可以終老而經歷到慢性疾病之苦。

　　幾十年來，意識到營養重要性的醫師都指出，慢性疾病，例如**心臟病**、**關節炎**和**癌症**之所以常見是因我們維生素 C 的攝取量太少。這些醫師都宣稱維生素 C 在治療這些疾病具有驚人的療效，然而，正統醫學卻忽略這些臨床報告，或者解釋為這只是一廂情願的看法或只是安慰劑效應而已。儘管如此，這些報告仍然絡繹不絕，雖然不是我們所期望的臨床試驗形式。諷刺的是，這種營養素療法的利潤遠比那些以藥物和相關治療的利潤還要少許多。

主流醫學與細胞分子矯正醫學

營養學分為兩大類：正統與分子矯正營養學。正統營養學家（也稱營養學家，特別是在衛生機構）都認為維生素是微量營養素，只需要少量即可，而分子矯正醫師主張維持最佳健康狀態需要高劑量。根據傳統的看法，補充維生素或營養素對健康少有益處，而且甚至可能造成傷害。一般的資訊通常為只要均衡飲食，降低脂肪攝取，多吃蔬果，我們就可以保有最佳的健康狀態。

分子矯正營養學家認為營養素是維持身體健康最主要的因素，而不是單靠藥物或手術介入等周邊療法。他們意識到關於維生素 C 和其他營養素的資料並不完整，然而，他們的報告指出，運用高劑量維生素 C 具有強效抗病毒作用，可以預防**心臟病**，而且在足夠**大量的劑量下，維生素 C 對癌細胞具有選擇性的毒性**。分子矯正醫學讓人充滿希望與振奮，提供我們一條出路突破正統醫學和我們都需面對的重大問題。

不是主流醫學的結束，而是主流醫學的未來

我們追溯維生素 C 的故事，從演化之初到二十世紀初確定它是抗壞血酸。它被分類為維生素的一種，而正統醫學將之混淆陷入僵化的模式，認為「必要」的攝取量只要幾毫克而已。然而，自從維生素 C 被分離出來後，一些醫生和科學家們主張人們需要更大的劑量，不

過，這些醫生被忽略與飽受抨擊，儘管這些高劑量維生素 C 效益的報告在醫學上是無與倫比。

偉大的化學家萊納斯・鮑林博士以他不凡的科學聲譽為這個營養素背書，推廣維生素 C 可能有助於**預防**或**治療**一般**感冒**與流感。鮑林博士的治癒感冒宣言導致他被冠上庸醫和騙子的稱號，從那時候起，大眾已意識到這個奇怪的主張和維生素 C 背後的來歷，儘管媒體和醫療機構幾乎沒有說明抗壞血酸真實的一面，而其中一個他們欺騙大眾的方法是告訴人們每日 1 公克（1,000 毫克）維生素 C 是屬於「高劑量」，並且報告這種「高」劑量對感冒或其他疾病並沒有太大的效果。我們同意，**一天 1 公克維生素 C 對感冒確實不具任何效益**，但有助於維持身體的健康，不過，1 公克算是高劑量的想法簡直是非常的荒謬。

事實上，維生素 C 的研究劑量往往小於該有的 **50-100 倍**，且攝取的間隔時數相差十倍之多。我們被告知維生素 C 的成效不彰，因此只有包含安慰劑對照組的研究可被視為有效。然而，這是錯誤的。高劑量維生素 C 的論點很可能是臨床醫學上最有力的科學假設，而不起眼的安慰劑根本不可能造成這麼大的影響。

在詳述維生素 C 故事的過程，我們採取漫談的方式，涵蓋一些醫生與科學家的研究。我們還提及科學的進展方式，從實驗與臨床科學進展到今日幾乎以社會學統計分析的方法為主。如果我們不瞭解現代醫學如何誇大安慰劑效益的神奇，我們就很難看出他們如何利用這一點來壓制維生素 C 在臨床報告上的直接成效。

我們無法預測在未來十年維生素 C 的地位會如何，然而，大眾對維生素 C 已越來越關注——維生素 C 是最常被攝取的營養補充劑。

雖然，製藥巨頭，再加上保守的醫師和科學家強烈遊說，指出高劑量有很大的部份仍然未經測試。目前，抗壞血酸鈉靜脈注射在癌症方面的效益似乎即將開始運用，不過，這很可能是涉及單獨使用維生素 C 或搭配常規的化療一起進行。如果是這樣，維生素 C 與其他營養素，如 α-硫辛酸或硒之間潛在更強效的氧化還原協同效益仍然會被沒視。

不久的一天，醫學界或許會徹底改變，開始重視高劑量維生素 C 的療效，然而，唯一阻止這種進展的方法就是醫學科學拒絕進行必要的臨床試驗。維生素 C 是眾多營養素中唯一可以提供令人難以置信的健康效益，當攝取量達到分子矯正醫學所需的標準。

也許不久，沒有高劑量營養素的治療保健將被認為就像分娩沒有衛生設備或手術沒有麻醉劑一樣不可思議，然而，我們還能繼續等下去嗎？

參考資料

Chapter 1: A Remarkable Molecule

1. Carr, A.C., and B. Frei. "Toward a New Recommended Dietary Allowance for Vitamin C Based on Antioxidant and Health Effects in Humans." *Am J Clin Nutr* 69:6 (1999): 1086–1107.

2. Simon, J.A., and E.S. Hudes. "Serum Ascorbic Acid and Gallbladder Disease Prevalence among U.S. Adults: The Third National Health and Nutrition Examination Survey (NHANES III)." *Arch Intern Med* 160:7 (2000): 931–936.

3. Meister, A. "Glutathione-ascorbic Acid Antioxidant System in Animals." *J Biol Chem* 269:13 (1994): 9397–9400.

4. Meister, A. "On the Antioxidant Effects of Ascorbic Acid and Glutathione." *Biochem Pharmacol* 44 (1992): 1905–1915.

5. Mårtensson, J.M., J. Han, O.W. Griffith, et al. "Glutathione Ester Delays the Onset of Scurvy in Ascorbate-deficient Guinea Pigs." *Proc Natl Acad Sci USA* 90 (1993): 317–321.

6. Montecinos, V., P. Guzmán, V. Barra, et al. "Vitamin C is an Essential Antioxidant that Enhances Survival of Oxidatively Stressed Human Vascular Endothelial Cells in the Presence of a Vast Molar Excess of Glutathione." *J Biol Chem* 282:21 (2007): 15506–15515.

7. Cancer Research U.K. "U.K. Failing to Eat 5 a Day." Press release, September 21, 2007.

8. Gadsby, P. "The Inuit Paradox: How Can People Who Gorge on Fat and Rarely See a Vegetable Be Healthier than We Are?" *Discover Magazine* (January 10, 2004). Bell, R.A., E.J. Mayer-Davis, Y. Jackson, et al. "An Epidemiologic Review of Dietary Intake Studies among American Indians and Alaska Natives: Implications for Heart Disease and Cancer Risk." *Ann Epidemiol* 7:4 (1997): 229–240.

9. Hansen, J.C., H.S. Pedersen, G. Mulvad. "Fatty Acids and Antioxidants in the Inuit Diet. Their Role in Ischemic Heart Disease (IHD) and Possible Interactions with Other Dietary Factors. A Review." *Arctic Med Res* 53:1 (1994): 4–17.

10. Lewis, H.W. *Why Flip a Coin?* New York, NY: John Wiley and Sons, 1997.

11. Stone, I. "The Natural History of Ascorbic Acid in the Evolution of the Mammals and Primates and Its Significance for Present Day Man." *Orthomolecular Psych* 1:2–3 (1972): 82–89. Stone, I. "Fifty Years of Research on Ascorbate and the Genetics of Scurvy." *J Orthomolecular Psych* 13:3 (1984).

Available online at: www.orthomed.org/resources/papers/stnwnd.htm. Stone, I. "Studies of a Mammalian Enzyme System for Producing Evolutionary Evidence on Man." *Am J Phys Anthropol* 23 (1965): 83–86.

12. Pauling, L. "Evolution and the Need for Ascorbic Acid." *Proc Natl Acad Sci USA* 67 (1970): 1643–1648.

13. Pigolotti, S., A. Flammini, M. Marsili, et al. "Species Lifetime Distribution for Simple Models of Ecologies." *Proc Natl Acad Sci USA* 102:44 (2005): 15747–15751. Newman, M.E.J., and R.G. Palmer. *Modeling Extinction.* New York, NY: Oxford University Press, 2003.

14. Reich, D.E., and D.B. Goldstein. "Genetic Evidence for a Paleolithic Human Population Expansion in Africa." *Proc Natl Acad Sci USA* 95:14 (1998): 8119–8123.

15. Sykes, B. *Seven Daughters of Eve: The Science That Reveals Our Genetic Ancestry.* New York, NY: W.W. Norton, 2001. Fay, J.C, and C.I. Wu. "A Human Population Bottleneck Can Account for the Discordance between Patterns of Mitochondrial versus Nuclear DNA Variation." *Mol Biol Evol* 16:7 (1999): 1003–1005.

16. Cann, R.L., M. Stoneking, A.C. Wilson. "Mitochondrial DNA and Human Evolution." *Nature* 325 (1987): 31–36.

17. Ambrose, S. "Did the Super-eruption of Toba Cause a Human Population Bottleneck? Reply to Gathorne-Hardy and Harcourt-Smith." *J Hum Evol* 45 (2003): 231–237. Ambrose, S. "Late Pleistocene Human Population Bottlenecks, Volcanic Winter, and the Differentiation of Modern Humans." *J Hum Evol* 34 (1998): 623–651.

18. Feng-Chi, C., and L. Wen-Hsiung. "Genomic Divergences between Humans and Other Hominoids and the Effective Population Size of the Common Ancestor of Humans and Chimpanzees." *Am J Hum Genet* 68:2 (2001): 444–456.

19. Gigerenzer, G. *Calculated Risks.* New York, NY: Simon & Schuster, 2002.

20. Surowiecki, J. *The Wisdom of Crowds.* New York, NY: Doubleday, 2004.

21. Hickey, S., and H. Roberts. *Ascorbate: The Science of Vitamin C.* Lulu Press, 2004.

22. Ibid.

23. Stephen, R., and T. Utecht. "Scurvy Identified in the Emergency Department: A Case Report." *J Emerg Med* 21:3 (2001): 235–237. Weinstein, M., P. Babyn, S. Zlotkin. "An Orange a Day Keeps the Doctor Away: Scurvy in the Year." *Pediatrics* 108:3 (2001): E55.

24. Enstrom, J.E., L.E. Kanim, M.A. Klein. "Vitamin C Intake and Mortality

among a Sample of the United States Population." *Epidemiology* 3:3 (1992): 194–202.

25. Enstrom, J.E. "Counterpoint—Vitamin C and Mortality." *Nutr Today* 28 (1993): 28–32.

26. Knekt, P., J. Ritz, M.A. Pereira, et al. "Antioxidant Vitamins and Coronary Heart Disease Risk: A Pooled Analysis of 9 Cohorts." *Am J Clin Nutr* 80:6 (2004): 1508–1520.

27. Osganian, S.K., M.J. Stampfer. E. Rimm, et al. "Vitamin C and Risk of Coronary Heart Disease in Women." *J Am Coll Cardiol* 42:2 (2003): 246–252.

28. Yokoyama, T., C. Date, Y. Kokubo, et al. "Serum Vitamin C Concentration was Inversely Associated with Subsequent 20-year Incidence of Stroke in a Japanese Rural Community: The Shibata Study." *Stroke* 31:10 (2000): 2287–2294.

29. Kushi, L.H., A.R. Folsom, R.J. Prineas, et al. "Dietary Antioxidant Vitamins and Death from Coronary Heart Disease in Postmenopausal Women." *N Engl J Med* 334:18 (1996): 1156–1162. Losonczy, K.G., T.B. Harris, R.J. Havlik. "Vitamin E and Vitamin C Supplement Use and Risk of All-cause and Coronary Heart Disease Mortality in Older Persons: The Established Populations for Epidemiologic Studies of the Elderly." *Am J Clin Nutr* 64:2 (1996): 190–196.

30. Frei, B. "To C or Not to C, That is the Question!" *J Am Coll Cardiol* 42:2 (2003): 253–255.

31. Steinmetz, K.A., and J.D. Potter. "Vegetables, Fruit, and Cancer Prevention: A Review." *J Am Diet Assoc* 96:10 (1996): 1027–1039.

32. Kromhout, D. "Essential Micronutrients in Relation to Carcinogenesis." *Am J Clin Nutr* 45:5 Suppl (1987): 1361–1367.

33. Feiz, H.R., and S. Mobarhan. "Does Vitamin C Intake Slow the Progression of Gastric Cancer in *Helicobacter pylori*–infected Populations?" *Nutr Rev* 60:1 (2002): 34–36.

34. Michels, K.B., L. Holmberg, L. Bergkvist, et al. "Dietary Antioxidant Vitamins, Retinol, and Breast Cancer Incidence in a Cohort of Swedish Women." *Intl J Cancer* 91:4 (2001): 563–567.

35. Zhang, S., D.J. Hunter, M.R. Forman, et al. "Dietary Carotenoids and Vitamins A, C, and E and Risk of Breast Cancer." *J Natl Cancer Inst* 91:6 (1999): 547–556.

36. Hoffer, A. *Adventures in Psychiatry: The Scientific Memoirs of Dr. Abram Hoffer.* Caledon, Ontario, Canada: Kos Publishing, 2005.

37. Greensfelder, L. "Infectious Diseases: Polio Outbreak Raises Questions about Vaccine." *Science* 290:5498 (2000): 1867b–1869b. Martin, J. "Vaccine-derived Poliovirus from Long-term Excretors and the End Game of Polio Eradication." *Biologicals* 34:2 (2006): 117–122.

38. Ermatinger, J.W. *Decline and Fall of the Roman Empire.* Westport, CT: Greenwood Press, 2004.

39. Watanabe, C., and H. Satoh. "Evolution of Our Understanding of Methylmercury as a Health Threat." *Environ Health Perspect* 104:Suppl 2 (1996): 367–379. Mortada, W.L., M.A. Sobh, M.M. El-Defrawy, et al. "Mercury in Dental Restoration: Is There a Risk of Nephrotoxicity?" *J Nephrol* 15:2 (2002): 171–176.

40. Cheng, Y., W.C. Willett, J. Schwartz, et al. "Relation of Nutrition to Bone Lead and Blood Lead Levels in Middle-aged to Elderly Men, The Normative Aging Study." *Am J Epidemiol* 147:12 (1998): 1162–1174.

41. Simon, J.A., and E.S. Hudes. "Relationship of Ascorbic Acid to Blood Lead Levels." *JAMA* 281:24 (1999): 2289–2293.

42. Dawson, E.B., D.R. Evans, W.A. Harris, et al. "The Effect of Ascorbic Acid Supplementation on the Blood Lead Levels of Smokers." *J Am Coll Nutr* 18:2 (1999): 166–170.

43. Jacques, P.F. "The Potential Preventive Effects of Vitamins for Cataract and Age-related Macular Degeneration." *Intl J Vitamin Nutr Res* 69:3 (1999): 198–205.

44. Simon, J.A., and E.S. Hudes. "Serum Ascorbic Acid and Other Correlates of Self-reported Cataract among Older Americans." *J Clin Epidemiol* 52:12 (1999): 1207–1211.

45. Jacques, P.F., L.T. Chylack, S.E. Hankinson, et al. "Long-term Nutrient Intake and Early Age-related Nuclear Lens Opacities." *Arch Ophthalmol* 119:7 (2001): 1009–1019.

46. Age-Related Eye Disease Study Research Group. "A Randomized, Placebo-controlled, Clinical Trial of High-dose Supplementation with Vitamins C and E and Beta Carotene for Age-related Cataract and Vision Loss: AREDS Report No. 9." *Arch Ophthalmol* 119:10 (2001): 1439–1452.

Chapter 2: The Pioneers of Vitamin C Research

1. Cott, A. "Irwin Stone: A Tribute." *Orthomolecular Psych* 14 (2nd Quarter 1985): 150.

2. Stone, I. "On the Genetic Etiology of Scurvy." *Acta Genet Med Gemellol* 15 (1966): 345–350.

3. Stone, I. "The Genetic Disease, Hypoascorbemia: A Fresh Approach to an Ancient Disease and Some of Its Medical Implications." *Acta Genet Med Gemellol* 16:1 (1967): 52–62. Stone, I. "Humans, the Mammalian Mutants." *Am Lab* 6:4 (1974): 32–39.

4. Stone, I. "Eight Decades of Scurvy: The Case History of a Misleading Dietary Hypothesis." *Orthomolecular Psych* 8:2 (1979): 58–62.

5. Stone, I. "Sudden Death. A Look Back from Ascorbate's 50th Anniversary." *Australas Nurses J* 8:9 (1979): 9–13, 39.

6. Kalokerinos, A. *Every Second Child.* Melbourne, Australia: Thomas Nelson (Australia) Ltd., 1974.

7. Stone, I. "Hypoascorbemia, Our Most Widespread Disease." *Natl Health Fed Bull* 18:10 (1972): 6–9.

8. Stone, I. "The Natural History of Ascorbic Acid in the Evolution of the Mammals and Primates and Its Significance for Present Day Man." *J Orthomolecular Psych* 1:2–3 (1972): 82–89.

9. Stone, I. "Megadoses of Vitamin C." *Nutr Today* 10:3 (1975): 35.

10. Rimland, B. "In Memoriam: Irwin Stone 1907–1984." *J Orthomolecular Psych* 13:4 (1984): 285.

11. Hoffer, A. "The Vitamin Paradigm Wars." *Townsend Letter for Doctors and Patients* 155 (1996): 56–60. Available online at: http://www.doctoryourself.com/hoffer_paradigm.html.

12. Stone, I. "Hypoascorbemia: The Genetic Disease Causing the Human Requirement for Exogenous Ascorbic Acid." *Perspect Biol Med* 10 (1966): 133–134

13. Nathens, A.B., M.J. Neff, G.J. Jurkovich, et al. "Randomized, Prospective Trial of Antioxidant Supplementation in Critically Ill Surgical Patients." *Ann Surg* 236:6 (2002): 814–822.

14. Stone, I. "Fifty Years of Research on Ascorbate and the Genetics of Scurvy." *Orthomolecular Psych* 13:4 (1984): 280.

15. Related to Andrew Saul. *Doctor Yourself Newsletter* 4:23 (November 2004).

16. Stone, I. "Letter to Albert Szent-Gyorgyi." National Foundation for Cancer Research, Woods Hole, Massachusetts, August 30, 1982.

17. Stone, I. "Cancer Therapy in the Light of the Natural History of Ascorbic Acid." *J Intl Acad Metabol* 3:1 (1974): 56–61. Stone, I. "The Genetics of Scurvy and the Cancer Problem." *J Orthomolecular Psych* 5:3 (1976): 183–190. Stone,

I. "The Possible Role of Mega-ascorbate in the Endogenous Synthesis of Interferon." *Med Hypotheses* 6:3 (March 1980): 309–314. Stone, I. "Inexpensive Interferon Therapy of Cancer and the Viral Diseases Now." *Australas Nurses J* 10:3 (March 1981): 25–28.

18. Cathcart, R.F. "Vitamin C, Titration to Bowel Tolerance, Anascorbemia, and Acute Induced Scurvy." *Med Hypothesis* 7 (1981): 1359–1376. Available online at: http://www.doctoryour self.com/titration.html.

19. Levine, M., C. Conry-Cantilena, Y. Wang, et al. "Vitamin C Pharmacokinetics in Healthy Volunteers: Evidence for a Recommended Dietary Allowance." *Proc Natl Acad Sci USA* 93 (1996): 3704–3709. Levine, M., Y. Wang, S.J. Padayatty, et al. (2001) "A New Recommended Dietary Allowance of Vitamin C for Healthy Young Women." *Proc Natl Acad Sci USA* 98:17 (2001): 9842–9846.

20. Hickey, S., and H. Roberts. *Ridiculous Dietary Allowance*. Lulu Press, 2004.

21. Smith, L. *Vitamin C as a Fundamental Medicine*. (Re-titled *Clinical Guide to the Use of Vitamin C: The Clinical Experiences of Frederick R. Klenner M.D.*) Tacoma, WA: Life Sciences Press, 1991.

22. Levy, T.E. *Vitamin C, Infectious Diseases, and Toxins: Curing the Incurable*. Xlibris, 2002.

23. Miller, F. "Dr. Klenner Urges Taking Vitamins in Huge Doses." *Greensboro Daily News* (December 13, 1977): A8–A10.

24. Kalokerinos, A. *Every Second Child*. Melbourne, Australia: Thomas Nelson, 1974.

25. Pauling, L. In Stone, I. *Vitamin C as a Fundamental Medicine: Abstracts of Dr. Frederick R. Klenner, M.D.'s Published and Unpublished Work*. (Re-titled *Clinical Guide to the Use of Vitamin C: The Clinical Experiences of Frederick R. Klenner M.D.*) Tacoma, WA: Life Sciences Press, 1991.

26. Smith, L. *Feed Yourself Right*. New York, NY: Dell, 1983.

27. Smith, Lendon H., and Joseph G. Hattersley. "Victory Over Crib Death." (June 2000.) Mercola.com. Available online at: http://www.mercola.com/2000/nov/5/victory_over_sids.htm.

28. Lendon Smith's former website: www.Smithsez.com.

29. "Vaccine-derived Polioviruses—Update." *Wkly Epidemiol Record* 81:42 (2006): 398–404. Tebbens, R.J., M.A. Pallansch, O.M. Kew, et al. "Risks of Paralytic Disease Due to Wild or Vaccine-derived Poliovirus after Eradication." *Risk Anal* 26:6 (2006): 1471–1505. Jenkins, P.C., and J.F. Modlin. "Decision

Analysis in Planning for a Polio Outbreak in the United States." *Pediatrics* 118:2 (2006): 611–618. Friedrich, F. "Molecular Evolution of Oral Poliovirus Vaccine Strains during Multiplication in Humans and Possible Implications for Global Eradication of Poliovirus." *Acta Virol* 44:2 (2000): 109–117.

30. Miller, N.Z.. "Vaccines and Natural Health." *Mothering* (Spring 1994): 44–54.

31. Advisory Committee on Immunization Practices. "Notice to Readers: Recommended Childhood Immunization Schedule—United States." *MMWR Weekly Rep* 49:2 (January 2000): 35–38.

32. Jungeblut, C.W. "Inactivation of Poliomyelitis Virus by Crystalline Vitamin C (Ascorbic Acid)." *J Exp Med* 62 (1935): 317–321.

33. Jungeblut, C.W., and R.L. Zwemer. "Inactivation of Diphtheria Toxin in Vivo and in Vitro by Crystalline Vitamin C (Ascorbic Acid)." *Proc Soc Exp Biol Med* 32 (1935): 1229–1234. Jungeblut, C.W. "Inactivation of Tetanus Toxin by Crystalline Vitamin C (L-Ascorbic Acid)." *J Immunol* 33 (1937): 203–214.

34. Ely, J.T.A. "A Unity of Science, Especially among Physicists, is Urgently Needed to End Medicine's Lethal Misdirection." ArXiv.org, Cornell University Library (March 2004). Available online at: http://arxive.org/abs/physics/0403023.

35. "Polio Clues." *Time Magazine* (September 18, 1939).

36. Klenner, F.R. "The Use of Vitamin C as an Antibiotic." *J Appl Nutr* 6 (1953): 274–278.

37. Hickey, S., and H. Roberts. *Ascorbate: The Science of Vitamin C.* Lulu Press, 2004.

38. Stone, I. "Viral Infection." *The Healing Factor,* Chapter 13. New York, NY: Grosset and Dunlap, 1972.

39. Landwehr, R. "The Origin of the 42-Year Stonewall of Vitamin C." *J Orthomolecular Med* 6:2 (1991): 99–103.

40. Klenner, F.R. "The Treatment of Poliomyelitis and Other Virus Diseases with Vitamin C." *Southern Med Surg* (July 1949): 209.

41. Chan, D., S.R. Lamande, W.G. Cole, et al. "Regulation of Procollagen Synthesis and Processing during Ascorbate-induced Extracellular Matrix Accumulation in Vitro." *Biochem J* 269:1 (1990): 175–181. Franceschi, R.T., B.S. Iyer, Y. Cui. "Effects of Ascorbic Acid on Collagen Matrix Formation and Osteoblast Differentiation in Murine MC3T3-E1 Cells." *J Bone Miner Res* 9:6 (1994): 843–854.

42. McCormick, W.J. "The Striae of Pregnancy: A New Etiological Concept." *Med Record* (August 1948).

43. Stone, I. "The Genetic Disease, Hypoascorbemia: A Fresh Approach to an Ancient Disease and Some of Its Medical Implications." *Acta Genet Med Gemellol* 16:1 (1967): 52–60.

44. McCormick, W.J. "Have We Forgotten the Lesson of Scurvy?" *J Appl Nutr* 15:1–2 (1962): 4–12.

45. McCormick, W.J. "Cancer: The Preconditioning Factor in Pathogenesis." *Arch Pediatr NY* 71 (1954): 313. McCormick, W.J. "Cancer: A Collagen Disease, Secondary to a Nutritional Deficiency?" *Arch Pediatr* 76 (1959): 166.

46. Pincus, F. "Acute Lymphatic Leukaemia." In *Nothnagel's Encyclopedia of Practical Medicine,* American Ed. Philadelphia, PA: W.B. Saunders, 1905, pp. 552–574.

47. Gonzalez, M.J., J.R. Miranda-Massari, E.M. Mora, et al. "Orthomolecular Oncology: A Mechanistic View of Intravenous Ascorbate's Chemotherapeutic Activity." *P R Health Sci J* 21:1 (March 2002): 39–41. Hickey, S., and H. Roberts. *Cancer: Nutrition and Survival.* Lulu Press, 2005.

48. McCormick, W.J. "Coronary Thrombosis: A New Concept of Mechanism and Etiology." *Clin Med* 4:7 (July 1957).

49. Scannapieco, F.A., and R.J. Genco. "Association of Periodontal Infections with Atherosclerotic and Pulmonary Diseases." *J Periodontal Res* 34:7 (1999): 340–345.

50. Paterson, J.C. "Some Factors in the Causation of Intimal Hemorrhage and in the Precipitation of Coronary Thrombosis." *Can Med Assoc J* 44 (1941): 114.

51. Enstrom, J.E., L.E. Kanim, M.A. Klein. "Vitamin C Intake and Mortality among a Sample of the United States Population." *Epidemiology* 3:3 (1992): 194–202.

52. McCormick, W.J. "The Changing Incidence and Mortality of Infectious Disease in Relation to Changed Trends in Nutrition." *Med Record* (September 1947).

53. McCormick, W.J. "Ascorbic Acid as a Chemotherapeutic Agent." *Arch Pediatr NY* 69 (1952): 151–155. Available online at: http://www.doctoryour self.com/mccormick1951.html.

54. Curhan, G.C., W.C. Willett, F.E. Speizer, et al. "Intake of Vitamins B_6 and C and the Risk of Kidney Stones in Women." *J Am Soc Nephrol* 10:4 (1999): 840–845.

55. McCormick, W.J. "Lithogenesis and Hypovitaminosis." *Med Record* 159:7 (1946): 410–413.

56. McCormick, W.J. "Intervertebral Disc Lesions: A New Etiological Concept." *Arch Pediatr* NY 71 (1954): 29–33.

57. Salomon, L.L., and D.W. Stubbs. "Some Aspects of the Metabolism of Ascorbic Acid in Rats." *Ann NY Acad Sci* 92 (1961): 128–140. Conney, A.H., et al. "Metabolic Interactions between L-Ascorbic Acid and Drugs." *Ann NY Acad Sci* 92 (1961): 115–127.

58. Armour, J., K. Tyml, D. Lidington, et al. "Ascorbate Prevents Microvascular Dysfunction in the Skeletal Muscle of the Septic Rat." *J Appl Physiol* 90:3 (2001): 795–803.

59. Conney, A.H., C.A. Bray, C. Evans, et al. "Metabolic Interactions between L-Ascorbic Acid and Drugs." *Ann NY Acad Sci* 92 (1961): 115–127.

60. Pauling, L. "Evolution and the Need for Ascorbic Acid." *Proc Natl Acad Sci USA* 67 (1970): 1643–1648.

61. Hickey, S., and H. Roberts. *Ridiculous Dietary Allowance*. Lulu Press, 2005.

Chapter 3: Taking Vitamin C

1. Hickey, S., and H. Roberts. *Ridiculous Dietary Allowance*. Lulu Press, 2005.

2. Ibid.

3. Expert Group on Vitamins and Minerals. "Review of Vitamin C." U.K. Government Update Paper EVM/99/21/P. London: Expert Group on Vitamins and Minerals, November 1999.

4. McCormick, W.J. "Coronary Thrombosis: A New Concept of Mechanism and Etiology." *Clin Med* 4:7 (July 1957) 839–845.

5. Levine, M., C. Conry-Cantilena, Y. Wang, et al. "Vitamin C Pharmacokinetics in Healthy Volunteers: Evidence for a Recommended Dietary Allowance." *Proc Natl Acad Sci USA* 93 (1996): 3704–3709. Standing Committee on Dietary Reference Intakes, Institute of Medicine. *Dietary Reference Intakes for Vitamin C, Vitamin E, Selenium, and Carotenoids: A Report of the Panel on Dietary Antioxidants and Related Compounds*. Washington, DC: National Academy Press, 2000. Levine, M., Y. Wang, S.J. Padayatty, et al. "A New Recommended Dietary Allowance of Vitamin C for Healthy Young Women." *Proc Natl Acad Sci USA* 98:17 (2001): 9842–9846.

6. Kallner, A., I. Hartmann, D. Hornig. "Steady-state Turnover and Body Pool of Ascorbic Acid in Man." *Am J Clin Nutr* 32 (1979): 530–539.

7. Baker, E.M., R.E. Hodges, J. Hood, et al. "Metabolism of Ascorbic-1-14C Acid in Experimental Human Scurvy." *Am J Clin Nutr* 22:5 (1969): 549–558.

8. Kallner, A., I. Hartmann, D. Hornig. "On the Absorption of Ascorbic Acid in Man." *Intl J Vitamin Nutr Res* 47 (1977): 383–388. Hornig, D.H., and U. Moser. "The Safety of High Vitamin C Intakes in Man." In Counsell, J.N., and D.H. Hornig (eds.). *Vitamin C (Ascorbic Acid)*. London: Applied Science Publishers, 1981, pp. 225–248.

9. Young, V.R. "Evidence for a Recommended Dietary Allowance for Vitamin C from Pharmacokinetics: A Comment and Analysis." *Proc Natl Acad Sci USA* 93 (1996): 14344–14348. Ginter, E. "Current Views of the Optimum Dose of Vitamin C." *Slovakofarma Rev* XII (2002): 1, 4–8.

10. Hornig, D. "Distribution of Ascorbic Acid, Metabolites and Analogues in Man and Animals." *Ann NY Acad Sci* 258 (1975): 103–118. Moser, U. "The Uptake of Ascorbic Acid by Leukocytes." *Ann NY Acad Sci* 198 (1987): 200–215.

11. Watson, R.W.G "Redox Regulation of Neutrophil Apoptosis, Antioxidants and Redox Signalling." *Forum Rev* 4:1 (2002): 97–104. Kinnula, V.L., Y. Soini, K. Kvist-Makela, et al. "Antioxidant Defense Mechanisms in Human Neutrophils, Antioxidants and Redox Signalling." *Forum Rev* 4:1 (2002): 27–34.

12. Hickey, S., and H. Roberts. *Ascorbate: The Science of Vitamin C*. Lulu Press, 2004.

13. Washko, P., and M.J. Levine. "Inhibition of Ascorbic Acid Transport in Human Neutrophils by Glucose." *Biol Chem* 267:33 (1992): 23568–23574.

14. Santisteban, G.A., and J.T. Ely. "Glycemic Modulation of Tumor Tolerance in a Mouse Model of Breast Cancer." *Biochem Biophys Res Commun* 132:3 (1985): 1174–1179. Hamel, E.E., G.A. Santisteban, J.T. Ely, et al. "Hyperglycemia and Reproductive Defects in Non-diabetic Gravidas: A Mouse Model Test of a New Theory." *Life Sci* 39:16 (1986): 1425–1428. Ely, J.T. "Glycemic Modulation of Tumor Tolerance." *J Orthomolecular Med* 11:1 (1996): 23–34. Fladeby, C., R. Skar, G. Serck-Hanssen. "Distinct Regulation of Glucose Transport and GLUT1/GLUT3 Transporters by Glucose Deprivation and IGF-I in Chromaffin Cells." *Biochim Biophys Acta* 1593:2–3 (2003): 201–208.

15. Daruwala, R., J. Song, W.S. Koh, et al. "Cloning and Functional Characterization of the Human Sodium-dependent Vitamin C Transporters hSVCT1 and hSVCT2." *FEBS Lett* 460:3 (1999): 480–484. Tsukaguchi, H., T. Tokui, B. Mackenzie, et al. "A Family of Mammalian Na+-dependent L-Ascorbic Acid Transporters." *Nature* 399 (1999): 70–75.

16. Olson, A.L., and J.E. Pessin. "Structure, Function and Regulation of the Mammalian Facilitative Glucose Transporter Gene Family." *Annu Rev Nutr* 16 (1996): 235–256. Mueckler, M. "Facilitative Glucose Transporters." *Eur J Biochem* 219 (1994): 713–725.

17. Cathcart, R.F. "Vitamin C: The Nontoxic, Nonrate-limited, Antioxidant Free Radical Scavenger." *Med Hypotheses* 18 (1985): 61–77.

18. Douglas, R.M., H. Hemila, R. D'Souza, et al. "Vitamin C for Preventing and Treating the Common Cold." *Cochrane Database Syst Rev* 18:4 (2004): CD000980.

19. Drisco, J. Data presented at the Nutritional Medicine Today Conference, Toronto, Canada, 2007.

20. Yung, S., M. Mayersohn, J.B. Robinson. "Ascorbic Acid Absorption in Humans: A Comparison among Several Dosage Forms." *J Pharm Sci* 71:3 (1982): 282–285.

21. Gregory, J.F. "Ascorbic Acid Bioavailability in Foods and Supplements." *Nutr Rev* 51:10 (1993): 301–303.

22. Pelletier, O., and M.O. Keith. "Bioavailability of Synthetic and Natural Ascorbic Acid." *J Am Diet Assoc* 64 (1964): 271–275.

23. Mangels, A.R., G. Block, C.M. Frey, et al. "The Bioavailability to Humans of Ascorbic Acid from Oranges, Orange Juice and Cooked Broccoli is Similar to that of Synthetic Ascorbic Acid." *J Nutr* 123:6 (1993): 1054–1061.

24. Gregory, J.F. "Ascorbic Acid Bioavailability in Foods and Supplements." *Nutr Rev* 51:10 (1993): 301–303.

25. Vinson, J.A., and P. Bose. "Comparative Bioavailability to Humans of Ascorbic Acid Alone or in a Citrus Extract." *Am J Clin Nutr* 48:3 (1988): 601–604. Johnston, C.S., and B. Luo. "Comparison of the Absorption and Excretion of Three Commercially Available Sources of Vitamin C." *J Am Diet Assoc* 94:7 (1994): 779–781.

26. Spiclin, P., M. Gasperlin, V. Kmetec. "Stability of Ascorbyl Palmitate in Topical Microemulsions." *Intl J Pharm* 222:2 (2001): 271–279.

27. De Ritter, E., N. Cohen, S.H. Rubin. "Physiological Availability of Dehydro-L-Ascorbic Acid and Palmitoyl-L-Ascorbic Acid." *Science* 113:2944 (1951): 628–631.

28. Levine, M., S.C. Rumsey, R. Daruwala, et al. "Criteria and Recommendations for Vitamin C Intake." *JAMA* 281 (1999): 1415–1423.

29. American Association of Poison Control Centers (AAPCC). "Annual Report of the American Association of Poison Control Centers' National Poisoning and Exposure Database." (Formerly known as the Toxic Exposure Surveillance System.) Washington, DC: AAPCC, 1983–2005.

30. National Center for Health Statistics (NCHS). "1987 Summary: National Hospital Discharge Survey." Washington, DC: NCHS, 1987.

31. Ray, W.A., M.R. Griffin, R.I. Shorr. "Adverse Drug Reactions and the Elderly." *Health Affairs* 9 (1990): 114–122.

32. Ostapowicz, G., R.J. Fontana, F.V. Schiødt, et al. "Results of a Prospective Study of Acute Liver Failure at 17 Tertiary Care Centers in the United States." *Ann Intern Med* 137 (2002): 947–954.

33. Nourjah, P., S.R. Ahmad, C. Karwoski, et al. "Estimates of Acetaminophen (Paracetomal)-associated Overdoses in the United States." *Pharmacoepidemiol Drug Safety* 15:6 (2006): 398–405.

34. Gurkirpal, S. "Recent Considerations in Nonsteroidal Anti-inflammatory Drug Gastropathy." *Am J Med* (July 1998): 31S. Wolfe, M., D. Lichtenstein, S. Gurkirpal. "Gastrointestinal Toxicity of Nonsteroidal Anti-inflammatory Drugs." *N Engl J Med* 340:24 (1999): 1888–1889.

35. Kohn, L., J. Corrigan, M. Donaldson. *To Err is Human: Building a Safer Health System.* Washington, DC: National Academy Press, 1999.

36. Leape, L.L. "Unnecessary Surgery." *Annu Rev Public Health* 13 (1992): 363–383. Phillips, D.P., N. Christenfeld, L.M. Glynn. "Increase in U.S. Medication-error Deaths between 1983 and 1993." *Lancet* 351:9103 (1998): 643–644. Lazarou, J., B.H. Pomeranz, P.N. Corey. "Incidence of Adverse Drug Reactions in Hospitalized Patients: A Meta-analysis of Prospective Studies." *JAMA* 279:15 (April 1998): 1200–1205.

37. Johnston, C.S. "Biomarkers for Establishing a Tolerable Upper Intake Level for Vitamin C." *Nutr Rev* 57 (1999): 71–77. Garewal, H.S., and A.T. Diplock. "How 'Safe' are Antioxidant Vitamins?" *Drug Safety* 13:1 (July 1995): 8–14. Diplock, A.T. "Safety of Antioxidant Vitamins and Beta-carotene." *Am J Clin Nutr* 62:6 Suppl (1995): 1510S–1516S.

38. McCormick, W.J. "Lithogenesis and Hypovitaminosis." *Med Record* 159 (1946): 410–413.

39. van Aswegen, C.H., J.C. Dirksen van Sckalckwyk, P.J. du Toit, et al. "The Effect of Calcium and Magnesium Ions on Urinary Urokinase and Sialidase Activity." *Urol Res* 20:1 (1992): 41–44.

40. Lemann Jr., J., W.F. Piering, E. Lennon. "Possible Role of Carbohydrate-induced Calciuria in Calcium Oxalate Kidney-stone Formation." *N Engl J Med* 280:5 (1969): 232–237.

41. Chalmers, A.H, D.M. Cowley, J.M. Brown. "A Possible Etiological Role for Ascorbate in Calculi Formation." *Clin Chem* 32:2 (1986): 333–336. Baxmann, A.C., G. De O, C. Mendonça, et al. "Effect of Vitamin C Supplements on Urinary Oxalate and pH in Calcium Stone-forming Patients." *Kidney Intl* 63 (2003): 1066–1071. Auer, B.L., D. Auer, A.L. Rodgers. "The Effect of Ascor-

bic Acid Ingestion on the Biochemical and Physicochemical Risk Factors Associated with Calcium Oxalate Kidney Stone Formation." *Clin Chem Lab Med* 36:3 (1998): 143–147.

42. Tiselius, H. "Stone Incidence and Prevention." *Brazil J Urol* 26:5 (2000): 452–462.

43. Curhan, G.C., W.C. Willett, F.E. Speizer, et al. "Megadose Vitamin C Consumption Does Not Cause Kidney Stones. Intake of Vitamins B_6 and C and the Risk of Kidney Stones in Women." *J Am Soc Nephrol* 4 (April 1999): 840–845.

44. Curhan, G.C., W.C. Willett, E.B. Rimm, et al. "A Prospective Study of the Intake of Vitamins C and B_6, and the Risk of Kidney Stones in Men." *J Urol* 155:6 (1996): 1847–1851.

45. Ruwende, C., and A. Hill. "Glucose-6-phosphate Dehydrogenase Deficiency and Malaria." *J Mol Med* 76:8 (1998): 581–588.

46. Liu, T.Z., T.F. Lin, I.J. Hung, et al. "Enhanced Susceptibility of Erythrocytes Deficient in Glucose-6-phosphate Dehydrogenase to Alloxan/glutathione-induced Decrease in Red Cell Deformability." *Life Sci* 55:3 (1994): 55–60.

47. Ballin, A., E.J. Brown, G. Koren, et al. "Vitamin C-induced Erythrocyte Damage in Premature Infants." *J Pediatr* 113 (1998): 114–120. Mentzer, W.C., and E. Collier. "Hydrops Fetalis Associated with Erythrocyte G-6-PD Deficiency and Maternal Ingestion of Fava Beans and Ascorbic Acid." *J Pediatr* 86 (1975): 565–567. Campbell Jr., G.D., M.H. Steinberg, J.D. Bower. "Ascorbic Acid–induced Hemolysis in G-6-PD Deficiency." *Ann Intern Med* 82 (1975): 810. Rees, D.C., H. Kelsey, J.D.M. Richards. "Acute Hemolysis Induced by High-dose Ascorbic Acid in Glucose-6-phosphate Dehydrogenase Deficiency." *Br Med J* 306 (1993): 841–842.

48. Council for Responsible Nutrition. "Fact Sheet: Are Vitamins and Minerals Safe for Persons with G6PD Deficiency?" Washington, DC: Council for Responsible Nutrition, 2005. Available online at: http://www.crnusa.org/pdfs/CRN_G6PDDeficiency_0305.pdf.

49. Cook, J.D., S.S. Watson, K.M. Simpson, et al. "The Effect of High Ascorbic Acid Supplementation on Body Iron Stores." *Blood* 64 (1984): 721–726. Hunt, J.R., S.K. Gallagher, L.K. Johnson. "Effect of Ascorbic Acid on Apparent Iron Absorption by Women with Low Iron Stores." *Am J Clin Nutr* 59 (1994): 1381–1385.

50. Bacon, B.R., J.K. Olynyk, E.M. Brunt, et al. "HFE Genotype in Patients with Hemochromatosis and Other Liver Diseases." *Ann Intern Med* 130 (1999): 953–962.

51. McLaran, C.J., J.H.N. Bett, J.A. Nye, et al. "Congestive Cardiomyopathy

and Haemochromatosis—Rapid Progression Possibly Accelerated by Excessive Ingestion of Ascorbic Acid." *Aust NZ J Med* 12 (1982): 187–188.

52. Berger, T.M., M.C. Polidori, A. Dabbagh, et al. "Antioxidant Activity of Vitamin C in Iron-overloaded Human Plasma." *J Biol Chem* 272 (1997): 15656–15660.

53. Cathcart, R.F. Personal communication, 2006.

54. Appell, D. "The New Uncertainty Principle: For Complex Environmental Issues, Science Learns to Take a Backseat to Political Precaution." *Sci Am* (January 2001). Available online at: http://www.sciam.com/article.cfm?colID=18& articleID=000C3111-2859-1C71-84A9809EC588EF21.

Chapter 4: Conventional Medicine versus Vitamin C

1. Lanfranchi, A. "The Abortion-Breast Cancer Link: What Today's Evidence Shows." *Ethics and Medics* 28:1 (January 2003): 1–4.

2. Lemjabbar, H., D. Li, M. Gallup, et al. "Tobacco Smoke-induced Lung Cell Proliferation Mediated by Tumor Necrosis Factor Alpha–converting Enzyme and Amphiregulin." *J Biol Chem* 278:28 (2003): 26202–26207.

3. Bernert, J.T., R.B. Jain, J.L. Pirkle, et al. "Urinary Tobacco-specific Nitrosamines and 4-Aminobiphenyl Hemoglobin Adducts Measured in Smokers of Either Regular or Light Cigarettes." *Nicotine Tobacco Res* 7:5 (2005): 729–738.

4. Zhou, H., G.M. Calaf, T.K. Hei. "Malignant Transformation of Human Bronchial Epithelial Cells with the Tobacco-specific Nitrosamine, 4-(Methylnitrosamino)-1-(3-pyridyl)-1-butanone." *Intl J Cancer* 106:6 (2003): 821–826. Rubin, H. "Selective Clonal Expansion and Microenvironmental Permissiveness in Tobacco Carcinogenesis." *Oncogene* 21:48 (2002): 7392–7411.

5. D'Agostini, F., R.M. Balansky, C. Bennicelli, et al. (2001) "Pilot Studies Evaluating the Lung Tumor Yield in Cigarette Smoke-exposed Mice." *Intl J Oncol* 18:3 (2001): 607–615. Coggins, C.R. "A Minireview of Chronic Animal Inhalation Studies with Mainstream Cigarette Smoke." *Inhal Toxicol* 14:10 (2002): 991–1002.

6. Witschi, H., I. Espiritu, M. Ly, et al. "The Chemopreventive Effects of Orally Administered Dexamethasone in Strain A/J Mice Following Cessation of Smoke Exposure." *Inhal Toxicol* 17:2 (2005): 119–122. Curtin, G.M., M.A. Higuchi, P.H. Ayres, et al. "Lung Tumorigenicity in A/J and rasH2 Transgenic Mice Following Mainstream Tobacco Smoke Inhalation." *Toxicol Sci* 81:1 (2004): 26–34. Witschi, H. "Induction of Lung Cancer by Passive Smoking in an Animal Model System." *Methods Mol Med* 74 (2003): 441–455.

7. Epstein, S. *Stop Cancer Before It Starts Campaign: How to Win the Losing War on Cancer.* Chicago, IL: Cancer Prevention Coalition, 2003. Doll, R., and R. Peto. "The Causes of Cancer: Quantitative Estimates of Avoidable Risks of Cancer in the U.S. Today." *J Natl Cancer Inst* 66 (1981): 1191–1308. Castleman, B. "Doll's 1955 Study on Cancer from Asbestos." *Am J Ind Med* 39 (2001): 237–240. Doll, R. "Effects of Exposure to Vinyl Chloride and Assessment of the Evidence." *Scand J Work Environ Health* 14 (1988): 61–78.

8. An appreciation of Bradford Hill from Professor Peter Armitage, former president of the Royal Statistical Society. *J Royal Stat Soc* 154:3 (1991):482–484

9. Proctor, R.N. *Nazi War on Cancer.* Princeton, NJ: Princeton University Press, 2000.

10. Doll, R., et al. "Mortality in Relation to Smoking: Forty Years' Observations on Male British Doctors." *Br Med J* 309 (1994): 901–909. Sharp, D. "Cancer Prevention Tomorrow." *Lancet* 341 (1993): 486.

11. MacMahon, B., S. Yen, D. Trichopoulos, et al. "Coffee and Cancer of the Pancreas." *N Engl J Med* 304:11 (1981): 630–633.

12. Weinstein, N.D. "Reactions to Life-style Warnings: Coffee and Cancer." *Health Educ Q* 12:2 (1985): 129–134. Tavani, A., and C. La Vecchia. "Coffee and Cancer: A Review of Epidemiological Studies, 1990–1999." *Eur J Cancer Prev* 9:4 (2000): 241–256.

13. Kurozawa, Y., I. Ogimoto, A. Shibata, et al. "Coffee and Risk of Death from Hepatocellular Carcinoma in a Large Cohort Study in Japan." *Br J Cancer* 93:5 (2005): 607–610. Shimazu, T., Y. Tsubono, S. Kuriyama, et al. "Coffee Consumption and the Risk of Primary Liver Cancer: Pooled Analysis of Two Prospective Studies in Japan." *Intl J Cancer* 116:1 (2005): 150–154. Jordan, S.J., D.M. Purdie, A.C. Green, et al. "Coffee, Tea and Caffeine and Risk of Epithelial Ovarian Cancer." *Cancer Causes Control* 15:4 (2004): 359–365. Jacobsen, B.K., E. Bjelke, G. Kvale, et al. "Coffee Drinking, Mortality, and Cancer Incidence: Results from a Norwegian Prospective Study." *J Natl Cancer Inst* 76:5 (1986): 823–831.

14. Breslow, N.E., and N.E. Day. *Statistical Methods in Cancer Research, Vol. 1 and 2: The Analysis of Case-Control Studies.* Lyons, France: International Agency for Research on Cancer, 1980. Rothman, K.J., and S. Greenland. *Modern Epidemiology.* Boston, MA: Lippincott-Raven, 1998. Grimes, D., and K.F. Schulz. "Epidemiology Series." *Lancet* 359 (2002): 57–61, 145–149, 248–252, 341–345, 431–434. Pocock, S.J., T.J. Collier, K.J. Dandreo, et al. "Issues in the Reporting of Epidemiological Studies: A Survey of Recent Practice." *Br Med J* 329 (2004): 883.

15. Brink, S. "Unlocking the Heart's Secrets." *U.S. News and World Report* 125 (1998): 56–99.

16. Kannel, W.B. "Clinical Misconceptions Dispelled by Epidemiological Research." *Circulation* 92 (1995): 3350–3360.

17. Kannel, W.B., T.R. Dawber, A. Kagan, et al. "Factors of Risk in the Development of Coronary Heart Disease—Six-year Follow-up Experience. The Framingham Study." *Ann Intern Med* 55 (1961): 33–50.

18. Mehta, N.J., and I.A. Khan. "Cardiology's 10 Greatest Discoveries of the 20th Century." *Tex Heart Inst J* 29:3 (2002): 164–171.

19. Hickey, S., and H. Roberts. *Ascorbate: The Science of Vitamin C.* Lulu Press, 2004.

20. Vinten-Johansen, P., et al. *Cholera, Chloroform, and the Science of Medicine: A Life of John Snow.* New York, NY: Oxford University Press, 2003.

21. Brody, H., M.R. Rip, P. Vinten-Johansen, et al. "Map-making and Mythmaking in Broad Street: The London Cholera Epidemic, 1854." *Lancet* 356:9 223 (2000): 64–68.

22. The Committee on Scientific Inquiries of the General Board of Health, Metropolitan Commission of Sewers (1854).

23. Seaman, V. "An Inquiry into the Cause of the Prevalence of Yellow Fever in New York." *The Medical Repository, New York* 1 (1798): 315–372.

24. Stevenson, L.G. "Putting Disease on the Map: The Early Use of Spot Maps in Yellow Fever." *J Hist Med* 20 (1965): 227–261.

25. Halliday, S. *The Great Stink of London: Sir Joseph Bazalgette and the Cleansing of the Victorian Metropolis.* Stroud, England: Sutton, 2001.

26. Hickey, S., and H. Roberts. *Cancer: Nutrition and Survival.* Lulu Press, 2005. Hickey, S., H. Roberts, R.F. Cathcart. "Dynamic Flow." *J Orthomolecular Med* 20:4 (2005): 237–244.

27. Le Fanu, J. *Rise and Fall of Modern Medicine.* London, England: Little Brown, 1999.

28. Feynman, R. (1974) "Cargo Cult Science." (Cal Tech Commencement Address.) In Feynman, R., and R. Leyton. *Surely You're Joking, Mr Feynman!* New York, NY: W.W. Norton, 1997.

29. Spiro, H. "Peptic Ulcer is Not a Disease, Only a Sign! Stress is a Factor in More Than a Few Dyspeptics." *Psychosom Med* 62:2 (2000): 186–187. Sapolsky, R.M. *Why Zebras Don't Get Ulcers,* 3rd ed. New York, NY: Owl Books, 2004.

30. Caldwell, M.T., R.C. Stuart, P.J. Byrne, et al. "Microvascular Changes in Experimental Gastric Stress Ulceration: The Influence of Allopurinol, Cimetidine, and Misoprostol." *J Surg Res* 55:2 (1993): 135–139. Yi, I., M.E. Bays, F.K. Stephan. "Stress Ulcers in Rats: The Role of Food Intake, Body Weight, and Time of Day." *Physiol Behav* 54:2 (1993): 375–381. Porter, W., et al. "Some Experimental Observations on the Gastrointestinal Lesions in Behaviourally Conditioned Monkeys." *Psychosom Med* 20 (1958): 379.

31. Guyton, A.C. *Textbook of Medical Physiology.* Philadelphia, PA: W.B. Saunders, 1971.

32. Ford, A.C., B.C. Delaney, D. Forman, et al. "Eradication Therapy for Peptic Ulcer Disease in *Helicobacter pylori* Positive Patients." *Cochrane Database Syst Rev* 2 (April 2006): CD003840.

33. Robillard, N. *Heartburn Cured: The Low-Carb Miracle.* Watertown, MA: Self Health Publishing, 2005.

34. Popper, K. *Logic of Scientific Discovery.* London, England: Routledge Classics, 1959. Popper, K. *Conjectures and Refutations: The Growth of Scientific Knowledge.* London, England: Routledge, 1963.

35. Gigerenzer, G. *Reckoning with Risk.* New York, NY: Penguin, 2003.

36. Douglas, R.M., H. Hemilä, E. Chalker, et al. "Vitamin C for Preventing and Treating the Common Cold." (Review.) *Cochrane Library Issue* 3 (2007).

37. Schwartz, A.R., Y. Togo, R.B. Hornick, et al. "Evaluation of the Efficacy of Ascorbic Acid in Prophylaxis of Induced Rhinovirus 44 Infection in Man." *J Infect Dis* 128 (1973): 500–505. Walker, G., M.L. Bynoe, D.A. Tyrrell. "Trial of Ascorbic Acid in Prevention of Colds." *Br Med J* 1 (1967): 603–606. Karlowski, T.R., T.C. Chalmers, L.D. Frenkel, et al. "Ascorbic Acid for the Common Cold." *JAMA* 231 (1975): 1038–1042.

38. Higgins, R. "Doses Too Small." In Douglas, R.M., H. Hemilä, E. Chalker, et al. "Vitamin C for Preventing and Treating the Common Cold." (Review.) *Cochrane Library Issue* 3 (2007).

39. Cathcart, R.F. "The Three Faces of Vitamin C." *J Orthomolecular Med* 7:4 (1993): 197–200.

40. Cathcart, R.F. "Vitamin C: The Non-toxic, Non-rate-limited, Antioxidant Free Radical Scavenger." *Med Hypotheses* 18 (1985): 61–77.

41. Cathcart, R.F. "Vitamin C, Titrating to Bowel Tolerance, Anascorbemia, and Acute Induced Scurvy." *Med Hypotheses* 7 (1981): 1359–1376. Available online at: http://www.doctoryourself.com/titration.html.

42. Anderson, T.W., G. Suranyi, G.H. Beaton. "The Effect on Winter Illness of Large Doses of Vitamin C." *Can Med Assoc J* 111 (1974): 31–36.

43. Hickey, S., and H. Roberts. *Ascorbate: The Science of Vitamin C.* Lulu Press, 2004.

44. Angell, M. *The Truth About the Drug Companies.* New York, NY: Random House, 2004. Goozner, M. *The $800 Million Pill.* Berkeley, CA: University of California Press, 2004.

45. Sardi, Bill. Personal communication (2006).

46. Taylor, H. "Reputation of Pharmaceutical Companies, While Still Poor, Improves for Second Year in a Row." *Healthcare News* 6:5 (May 2006). Harris Interactive. http://www.harrisinteractive.com.

47. Weber, L.J. *Profits Before People? Ethical Standards and the Marketing of Prescription Drugs.* Bloomington, IN: Indiana University Press, 2006. Henry J. Kaiser Family Foundation. "Views on Prescription Drugs and the Pharmaceutical Industry." *Kaiser Health Report* (January/February 2005). Available online at: www.kff.org.

48. Kalokerinos, A. *Every Second Child.* Chicago, IL: Keats Publishing, 1991.

49. Everson, T.C., and W.H. Cole. *Spontaneous Regression of Cancer.* Philadelphia, PA: W.B. Saunders, 1966. Boyd, W. *Spontaneous Regression of Cancer.* Springfield, IL: Charles C. Thomas, 1966.

50. Kienle, G.S., and H. Kiene. "The Powerful Placebo Effect: Fact or Fiction?" *J Clin Epidemiol* 50:12 (1997): 1311–1318.

51. Levine, M.E., R.M. Stern, K.L. Koch. "The Effects of Manipulating Expectations through Placebo and Nocebo Administration on Gastric Tachyarrhythmia and Motion-induced Nausea." *Psychosom Med* 68 (2006): 478–486.

52. Hróbjartsson, A., and P.C. Gotzsche. "Is the Placebo Powerless? An Analysis of Clinical Trials Comparing Placebo with No Treatment." *N Engl J Med* 344:21 (2001): 1594–1602. [Erratum: *N Engl J Med* 345:4 (2001): 304.]

53. Spiegel, D., H. Kraemer, R.W. Carlson. "Is the Placebo Powerless?" *N Engl J Med* 345:17 (2001): 1276. Klosterhalfen, S., and P. Enck. "Psychobiology of the Placebo Response." *Auton Neurosci* 125:1–2 (2006): 94–99.

54. Kolata, G. "Placebo Effect is More Myth Than Science, a Study Says." *The New York Times* (May 24, 2001).

55. Cameron, E., and L. Pauling. *Cancer and Vitamin C.* Philadelphia, PA: Camino Books, 1993. Cameron, E., and L. Pauling. "Supplemental Ascorbate in the Supportive Treatment of Cancer: Reevaluation of Prolongation of Survival Times in Terminal Human Cancer." *Proc Natl Acad Sci USA* 75 (1978):

4538–4542. Hoffer, A. *Vitamin C and Cancer: Discovery, Recovery, Controversy*. Kingston, ON, Canada: Quarry Press, 2000. Murata, A., F. Morishige, H. Yamaguchi. "Prolongation of Survival Times of Terminal Cancer Patients by Administration of Large Doses of Ascorbate." *Intl J Vitamin Nutr Res Suppl* 23 (1982): 101–113.

56. Matre, D., K.L. Casey, S. Knardahl. "Placebo-induced Changes in Spinal Cord Pain Processing." *J Neurosci* 26:2 (2006): 559–563. Dworkin, R.H., J. Katz, M.J. Gitlin. "Placebo Response in Clinical Trials of Depression and Its Implications for Research on Chronic Neuropathic Pain." *Neurology* 65:12 Suppl 4 (2005): S7–S19.

57. Benedetti, F., H.S. Mayberg, T.D. Wager, et al. "Neurobiological Mechanisms of the Placebo Effect." *J Neurosci* 25:45 (2005): 10390–10402.

58. Ellis, S.J., and R.F. Adams. "The Cult of the Double-blind Placebo-controlled Trial." *Br J Clin Pract* 51:1 (1997): 36–39.

59. Williams, R.J. *Biochemical Individuality: The Basis for the Genetotrophic Concept*. New Canaan, CT: Keats, 1998.

60. Sech, S.M., J.D. Montoya, P.A. Bernier, et al. "The So-called 'Placebo Effect' in Benign Prostatic Hyperplasia Treatment Trials Represents Partially a Conditional Regression to the Mean Induced by Censoring." *Urology* 51:2 (1998): 242–250.

61. Galton, F. "Regression Towards Mediocrity in Hereditary Stature." *J Anthropol Inst* 15 (1886): 246–263.

62. Morton, V., and D.J. Torgerson. "Effect of Regression to the Mean on Decision Making in Health Care." *Br Med J* 326:7398 (2003): 1083–1084.

63. Tversky, A., and D. Kahneman. "Judgement Under Uncertainty: Heuristics and Biases." *Science* 185 (1974): 1124–1131.

64. Bellia, V., S. Battaglia, F. Catalano, et al. "Aging and Disability Affect Misdiagnosis of COPD in Elderly Asthmatics: The SARA Study." *Chest* 123:4 (2003): 1066–1072. Baxter, A.J., and C.S. Gray. "Diastolic Heart Failure in Older People—Myth or Lost Tribe?" *Clin Med* 2:6 (2002): 539–543. Porta, M., S. Costafreda, N. Malats, et al. "Validity of the Hospital Discharge Diagnosis in Epidemiologic Studies of Biliopancreatic Pathology. PANKRAS II Study Group." *Eur J Epidemiol* 16:6 (2000): 533–541.

65. Duda, S., C. Aliferis, R. Miller, et al. "Extracting Drug-Drug Interaction Articles from MEDLINE to Improve the Content of Drug Databases." *AMIA Annu Symp Proc* (2005): 216–220. Barbanoj, M.J., R.M. Antonijoan, J. Riba, et al. "Quantifying Drug-Drug Interactions in Pharmaco-EEG." *Clin EEG Neurosci* 37:2 (2006): 108–120.

66. Gøtzsche, P.C. "Believability of Relative Risks and Odds Ratios in Abstracts: Cross-sectional Study." *Br Med J* 333 (2006): 231–234.

67. Scherer, R.W., P. Langenberg, E. von Elm. "Full Publication of Results Initially Presented in Abstracts." *Cochrane Database Methodol Rev* 2 (2005): MR000005.

68. Gøtzsche, P.C. "Methodology and Overt and Hidden Bias in Reports of 196 Double-blind Trials of Nonsteroidal, Anti-inflammatory Drugs in Rheumatoid Arthritis." *Controlled Clin Trials* 10 (1989): 31–56. [Amended: *Controlled Clin Trials* 10 (1989): 356.]

69. Chan, A.W., A. Hróbjartsson, B. Tendal, et al. "Pre-specifying sample size calculations and statistical analyses in randomised trials: Comparison of protocols to publications." XIII Cochrane Colloquium, Melbourne, Australia, October 22-26, 2005, p. 66.

70 Chan, A.W., A. Hróbjartsson, M.T. Haahr, et al. "Empirical Evidence for Selective Reporting of Outcomes in Randomized Trials: Comparison of Protocols to Published Articles." *JAMA* 291 (2004): 2457–2465.

71. Chan, A.W., K. Krleza-Jeric, I. Schmid, et al. "Outcome Reporting Bias in Randomized Trials Funded by the Canadian Institutes of Health Research." *Can Med Assoc J* 171 (2004): 735–740.

72. Chan, A.W., and D.G. Altman. "Identifying Outcome Reporting Bias in Randomised Trials on PubMed: Review of Publications and Survey of Authors." *Br Med J* 330 (2005): 753. "Reporting of Trial Outcomes is Incomplete and Biased." (Editorial.) *Br Med J* 330 (2005).

73. Bjelakovic, G., D. Nikolova, L.L. Gluud, et al. "Mortality in Randomized Trials of Antioxidant Supplements for Primary and Secondary Prevention: Systematic Review and Meta-analysis." *JAMA* 297 (2007): 842–857.

74. Hickey, S., L. Noriega, H. Roberts. "Poor Methodology in Meta-analysis of Vitamins." *J Orthomolecular Med* 22:1 (2007): 8–10.

Chapter 5: The Need for Antioxidants

1. Halliwell, B., and J.M.C. Gutteridge. *Free Radicals in Biology and Medicine.* Oxford, England: Oxford University Press, 1999.

2. Packer, L., and C. Colman. *The Antioxidant Miracle.* New York, NY: Wiley, 1999.

3. Linster, C.L., T.A. Gomez, K.C. Christensen, et al. "Arabidopsis VTC2 Encodes a GDP-L-galactose Phosphorylase, the Last Unknown Enzyme in the Smirnoff-Wheeler Pathway to Ascorbic Acid in Plants." *J Biol Chem* 282:26 (2007): 18879–18885.

4. Bors, W., and G.R. Buettner. "The Vitamin C Radical and Its Reactions." In Packer, L., and J. Fuchs (eds.). *Vitamin C in Health and Disease*. New York, NY: Marcel Dekker, 1997, pp. 75–94.

5. Kubin, A., K. Kaudela, R. Jindra, et al. "Dehydroascorbic Acid in Urine as a Possible Indicator of Surgical Stress." *Ann Nutr Metab* 47:1 (2003): 1–5.

6. Sinclair, A.J., P.B. Taylor. J. Lunec, et al. "Low Plasma Ascorbate Levels in Patients with Type 2 Diabetes Mellitus Consuming Adequate Dietary Vitamin C." *Diabet Med* 11:9 (1994): 893–898.

7. Rusakow, L.S., J. Han, M.A. Hayward, et al. "Pulmonary Oxygen Toxicity in Mice is Characterized by Alterations in Ascorbate Redox Status." *J Appl Physiol* 79:5 (1995): 1769–1776.

8. Obrosova, I.G., L. Fathallah, E. Liu, et al. "Early Oxidative Stress in the Diabetic Kidney: Effect of DL-Alpha-lipoic Acid." *Free Radic Biol Med* 34:2 (2003): 186–195. Jiang, Q., J. Lykkesfeldt, M.K. Shigenaga, et al. "Gamma-tocopherol Supplementation Inhibits Protein Nitration and Ascorbate Oxidation in Rats with Inflammation." *Free Radic Biol Med* 33:11 (2002): 1534–1542. Simoes, S.I., C.V. Eleuterio, M.E. Cruz, et al. "Biochemical Changes in Arthritic Rats: Dehydroascorbic and Ascorbic Acid Levels." *Eur J Pharm Sci* 18:2 (2003): 185–189.

9. Schafer, F., and G.R. Buettner. "Redox Environment of the Cell as Viewed Through the Redox State of the Glutathione Disulfide/Glutathione Couple." *Free Radic Biol Med* 30:11 (2001): 1191–1202.

10. Montecinos, V., P. Guzmán, V. Barra, et al. (2007) "Vitamin C is an Essential Antioxidant that Enhances Survival of Oxidatively Stressed Human Vascular Endothelial Cells in the Presence of a Vast Molar Excess of Glutathione." *J Biol Chem* 282:21 (May 2007): 15506–15515.

11. Cathcart, R.F. "Vitamin C: The Nontoxic, Non-rate-limited, Antioxidant Free Radical Scavenger." *Med Hypotheses* 18 (1985): 61–77.

12. Hickey, S., R.F. Cathcart, H.J. Roberts. "Dynamic Flow." *J Orthomolecular Med* 20:4 (2005): 237–244.

13. Vitamin C Foundation. http://www.vitamincfoundation.org/surefire.htm. Accessed April 7, 2007.

14. Chakrabarti, B., and S. Banerjee. "Dehydroascorbic Acid Level in Blood of Patients Suffering from Various Infectious Diseases." *Proc Soc Exp Biol Med* 88 (1955): 581–583.

15. May, J.M., Z. Qu, X. Li. "Requirement for GSH in Recycling of Ascorbic Acid in Endothelial Cells." *Biochem Pharmacol* 62:7 (2001): 873–881.

Vethanayagam, J.G., E.H. Green, R.C. Rose, et al. "Glutathione-dependent Ascorbate Recycling Activity of Rat Serum Albumin." *Free Radic Biol Med* 26 (1999): 1591–1598. Mendiratta, S., Z.C. Qu, J.M. May. "Enzyme-dependent Ascorbate Recycling in Human Erythrocytes: Role of Thioredoxin Reductase." *Free Radic Biol Med* 25 (1998): 221–228.

16. Jacob, R.A. "The Integrated Antioxidant System." *Nutr Res* 15 (1995): 755–766. Lewin, S. *Vitamin C: Its Molecular Biology and Medical Potential.* New York, NY: Academic Press, 1976. Cathcart, R.F. "A Unique Function for Ascorbate." *Med Hypotheses* 35 (1991): 32–37. Pauling, L. *General Chemistry.* New York, NY: Dover, 1988.

Chapter 6: Infectious Diseases

1. Bhopal, R.S. "Generating Health from Patterns of Disease." *Proc R Coll Physicians Edinburgh* 31 (2001): 293–298.

2. Falco, V., F. de Silva, J. Alegre, et al. "*Legionella pneumophila*: A Cause of Severe Community-acquired Pneumonia." *Chest* 100 (1991): 1007–1011. el-Ebiary, M., X. Sarmiento, A. Torres, et al. "Prognostic Factors of Severe *Legionella* Pneumonia Requiring Admission to ICU." *Am J Respir Crit Care Med* 156 (1997): 1467–1472. Marston, B.J., H.B. Lipman, R.F. Breiman. "Surveillance for Legionnaires' Disease: Risk Factors for Morbidity and Mortality." *Arch Intern Med* 154 (1994): 2417–2422.

3. England, A.C., D.W. Fraser, B.D. Plikaytis, et al. "Sporadic Legionellosis in the United States: The First Thousand Cases." *Ann Intern Med* 94 (1981): 164–170. Lettinga, K.D., A. Verbon, G.J. Weverling, et al. "Legionnaires' Disease at a Dutch Flower Show: Prognostic Factors and Impact of Therapy." *Emerg Infect Dis* 8:12 (December 2002): 1448–1454.

4. Levy, T.E. *Vitamin C, Infectious Disease and Toxins.* Xlibris, 2002.

5. U.S. Department of Health and Human Services. *Vital Statistics of the U.S.,* Vol. 2. Washington, DC: U.S. Department of Health and Human Services, 1989.

6. Cathcart, R.F. "Vitamin C Function in AIDS." *Medical Tribune* (July 13, 1983). Cathcart, R.F. "Vitamin C in the Treatment of Acquired Immune Deficiency Syndrome (AIDS)." *Med Hypotheses* 14 (1984): 423–433.

7. Brighthope, I., and P. Fitzgerald. *The AIDS Fighters.* New Canaan, CT: Keats, 1987.

8. Hickey, S., and H. Roberts. *Ascorbate: The Science of Vitamin C.* Lulu Press, 2004.

9. Sardi, B. "Global Battle Erupts Over Vitamin Supplements." www.lewrockwell.com. May 16, 2005.

10. Fuller, J.G. *Fever! The Hunt for a New Killer Virus.* Pleasantville, NY: Reader's Digest Press, 1974.

11. Klenner, F. "The Significance of High Daily Intake of Ascorbic Acid in Preventive Medicine." In Williams, R., and D.K. Kalita (eds.). *Physician's Handbook on Orthomolecular Medicine,* 3rd ed. New York, NY: Pergamon, 1977.

12. Cathcart, R.F. "Clinical Trial of Vitamin C." (Letter to the Editor.) *Medical Tribune* (June 25, 1975).

13. Cathcart, R.F. "Vitamin C Titrating to Bowel Tolerance, Anascorbemia and Acute Induced Scurvy." *Med Hypotheses* 7 (1981): 1359–1376.

14. Levy, T.E. *Vitamin C, Infectious Disease and Toxins.* Xlibris, 2002. Hoffer, A., and M. Walker. *Putting It All Together: The New Orthomolecular Nutrition.* New Canaan, CT: Keats, 1978.

15. Cathcart, R.F. Unpublished paper on AIDS. (Letter to Editor.) Critical Path Project, 1992.

16. Kalokerinos, A. *Every Second Child.* Melbourne, Australia: Thomas Nelson, 1974.

Chapter 7: Cancer and Vitamin C

1. Nakagaki, T., H. Yamada, A. Tóth. "Intelligence: Maze-solving by an Amoeboid Organism." *Nature* 407 (2000): 470.

2. Shaffer, B.M. "Secretion of Cyclic AMP Induced by Cyclic AMP in the Cellular Slime Mould *Dictyostelium discoideum.*" *Nature* 255 (1975): 549–552.

3. Hardman, A.M., G.S. Stewart, P. Williams. "Quorum Sensing and the Cell-Cell Communication Dependent Regulation of Gene Expression in Pathogenic and Non-pathogenic Bacteria." *Antonie Van Leeuwenhoek J Microbiol Serol* 74 (1998): 199–210. Fuqua, C., and E.P. Greenberg. "Self Perception in Bacteria: Quorum Sensing with Acylated Homoserine Lactones." *Curr Opin Microbiol* 1 (1998): 183–189.

4. Lewis, K. "Programmed Death in Bacteria." *Microbiol Molec Biol Rev* 64:3 (2000): 503–514.

5. Everson, T.C., and W.H. Cole. *Spontaneous Regression of Cancer.* Philadelphia, PA: W.B. Saunders, 1966. Boyd, W. *Spontaneous Regression of Cancer.* Springfield, IL: Charles C. Thomas, 1966.

6. Voght, A. "On the Vitamin C Treatment of Chronic Leukemias." *Deutsche Med Wochenschr* 14 (April 1940): 369–372.

7. McCormick, W.J. "Cancer: The Preconditioning Factor in Pathogenesis."

Arch Pediatr 71 (1954): 313–322. McCormick, W.J. "Cancer: A Collagen Disease, Secondary to a Nutritional Deficiency?" *Arch Pediatr* 76 (1959): 166–171.

8. Stone, I. *The Healing Factor: "Vitamin C" Against Disease.* New York, NY: Grosset and Dunlap, 1972.

9. Greer, E. "Alcoholic Cirrhosis: Complicated by Polycythemia Vera and Then Myelogenous Leukemia and Tolerance of Large Doses of Vitamin C." *Medical Times* 82 (1954): 765–768.

10. Cameron, E., and D. Rotman. "Ascorbic Acid, Cell Proliferation, and Cancer." *Lancet* 1 (1972): 542. Cameron, E., and L. Pauling. "Ascorbic Acid and the Glycosaminoglycans: An Orthomolecular Approach to Cancer and Other Diseases." *Oncology* 27 (1973): 181–192. Cameron, E., and A. Campbell. "The Orthomolecular Treatment of Cancer II. Clinical Trial of High-dose Ascorbic Acid Supplements in Advanced Human Cancer." *Chem Biol Interact* 9 (1974): 285–315. Cameron, E., and L. Pauling. "Supplemental Ascorbate in the Supportive Treatment of Cancer: Prolongation of Survival Times in Terminal Human Cancer." *Proc Natl Acad Sci USA* 73 (1976): 3685–3689. Cameron, E., and L. Pauling. "Supplemental Ascorbate in the Supportive Treatment of Cancer: Reevaluation of Prolongation of Survival Times in Terminal Human Cancer." *Proc Natl Acad Sci USA* 75 (1978): 4538–4542. Cameron, E. "Vitamin C for Cancer." *N Engl J Med* 302 (1980): 299. Cameron, E., and A. Campbell. "Innovation vs. Quality Control: An 'Unpublishable' Clinical Trial of Supplemental Ascorbate in Incurable Cancer." *Med Hypotheses* 36 (1991): 185–189.

11. Campbell, A., T. Jack, E. Cameron. "Reticulum Cell Sarcoma: Two Complete 'Spontaneous' Regressions in Response to High-dose Ascorbic Acid Therapy. A Report on Subsequent Progress." *Oncology* 48 (1991): 495–497.

12. Pauling, L. Personal communication.

13. Hickey, S., and H. Roberts. "Selfish Cells: Cancer as Microevolution." *J Orthomolecular Med* (2007) (in press).

14. Hickey, S., and H. Roberts. *Cancer: Nutrition and Survival.* Lulu Press, 2005.

15. Schafer, F.Q., and G.R. Buettner. "Redox Environment of the Cell as Viewed through the Redox State of the Glutathione Disulfide/Glutathione Couple." *Free Radic Biol Med* 30:11 (2001): 1191–1212.

16. Matheu, A., A. Maraver, P. Klatt, et al. "Delayed Ageing through Damage Protection by the *Arf/p53* Pathway." *Nature* 448:7151 (2007): 375–381.

17. Hickey, S., and H. Roberts. *Ascorbate: The Science of Vitamin C.* Lulu Press, 2004.

18. Gunn, H. "The Use of Antioxidants with Chemotherapy and Radiotherapy in Cancer Treatment: A Review." *J Orthomolecular Med* 19:4 (2004): 246. Stoute, J.A. "The Use of Vitamin C with Chemotherapy in Cancer Treatment: An Annotated Bibliography." *J Orthomolecular Med* 19:4 (2004): 198. Hoffer, A. "The Use of Vitamin C and Other Antioxidants with Chemotherapy and Radiotherapy in Cancer Treatment." *J Orthomolecular Med* 19:4 (2004): 195.

19. Hickey, S., and H. Roberts. *The Cancer Breakthrough.* Lulu Press, 2007.

Chapter 8: Heart Disease

1. Hoffer, A., and M. Walker. *Putting It All Together: The New Orthomolecular Nutrition.* New Canaan, CT: Keats, 1978.

2. Yavorsky, M., P. Almaden, C.G. King. "The Vitamin C Content of Human Tissues." *J Biol Chem* 106:2 (1934): 525–529.

3. Lewin, S. *Vitamin C: Its Molecular Biology and Medicinal Potential.* New York, NY: Academic Press, 1976.

4. McCormick, W.J. "Coronary Thrombosis: A New Concept of Mechanism and Etiology." *Clin Med* 4:7 (July 1957). Paterson, J.C. "Some Factors in the Causation of Intimal Hemorrhages and in the Precipitation of Coronary Thrombi." *Can Med Assoc J* (February 1941): 114–120. Paterson, J.C. "Capillary Rupture with Intimal Haemorrhage in the Causation of Cerebral Vascular Lesions." *Arch Pathol* 29 (1940): 345–354. Willis, G.C. "An Experimental Study of the Intimal Ground Substance in Atherosclerosis." *Can Med Assoc J* 69 (1953): 17–22. Willis, G.C. "The Reversibility of Atherosclerosis." *Can Med Assoc J* 77 (1957): 106–109. Willis, G.C., A.W. Light, W.S. Cow. "Serial Arteriography in Atherosclerosis." *Can Med Assoc J* 71 (1954): 562–568. Willis, G.C., and S. Fishman. "Ascorbic Acid Content of Human Arterial Tissue." *Can Med Assoc J* 72 (April 1955): 500–503.

5. Rath, M., and L. Pauling. "Immunological Evidence for the Accumulation of Lipoprotein(a) in the Atherosclerotic Lesion of the Hypoascorbemic Guinea Pig." *Proc Natl Acad Sci* 87:23 (December 1990): 9388–9390. Rath, M., and L. Pauling. "Solution to the Puzzle of Human Cardiovascular Disease: Its Primary Cause is Ascorbate Deficiency, Leading to the Deposition of Lipoprotein(a) and Fibrinogen/Fibrin in the Vascular Wall." *J Orthomolecular Med* 6 (1991): 125–134. Pauling, L., and M. Rath. "Prevention and Treatment of Occlusive Cardiovascular Disease with Ascorbate and Substances that Inhibit the Binding of Lipoprotein(A)." U.S. Patent 5,278,189 (1994). Pauling, L., and M. Rath. "Use of Ascorbate and Tranexamic Acid Solution for Organ and Blood Vessel Treatment Prior to Transplantation." U.S. Patent 5,230,996 (1993). Rath, M., and A. Niedzwiecki. "Nutritional Supplement Program Halts

Progression of Early Coronary Atherosclerosis Documented by Ultrafast Computed Tomography." *J Appl Nutr* 48 (1996): 68–78.

6. Hickey, S., and H. Roberts. *Ascorbate: The Science of Vitamin C.* Lulu Press, 2004.

7. Harjai, K.J. "Potential New Cardiovascular Risk Factors: Left Ventricular Hypertrophy, Homocysteine, Lipoprotein(a), Triglycerides, Oxidative Stress, and Fibrinogen." *Ann Intern Med* 131 (1999): 376–386. Grant, P.J. "The Genetics of Atherothrombotic Disorders: A Clinician's View." *J Thromb Haemost* 1 (2003): 1381–1390. Maas, R., and R.H. Boger. "Old and New Cardiovascular Risk Factors: From Unresolved Issues to New Opportunities." *Atheroscler Suppl* 4 (2003): 5–17. Dominiczak, M.H. "Risk Factors for Coronary Disease: The Time for a Paradigm Shift?" *Clin Chem Lab Med* 39 (2001): 907–919. Frostegard, J. "Autoimmunity, Oxidized LDL and Cardiovascular Disease." *Autoimmun Rev* 1 (2002): 233–237.

8. Harrison, D.G., H. Cai, U. Landmesser, et al. "Interactions of Angiotensin II with NAD(P)H Oxidase, Oxidant Stress and Cardiovascular Disease." *J Renin Angiotensin Aldosterone Syst* 4 (2003): 51–61. Cuff, C.A., D. Kothapalli, E. Azonobi, et al. "The Adhesion Receptor CD44 Promotes Atherosclerosis by Mediating Inflammatory Cell Recruitment and Vascular Cell Activation." *J Clin Invest* 108 (2001): 1031–1040. Huang, Y., L. Song, S. Wu, et al. "Oxidized LDL Differentially Regulates MMP-1 and TIMP-1 Expression in Vascular Endothelial Cells." *Atherosclerosis* 156 (2001): 119–125. McIntyre, T.M., S.M. Prescott, A.S. Weyrich, et al. "Cell-Cell Interactions: Leukocyte-Endothelial Interactions." *Curr Opin Hematol* 10 (2003): 150–158.

9. Gonzalez, M.A., and A.P. Selwyn. "Endothelial Function, Inflammation, and Prognosis in Cardiovascular Disease." *Am J Med* 115 (2003): 99S–106S.

10. Weber, C., E. Wolfgang, K. Weber, et al. "Increased Adhesiveness of Isolated Monocytes to Epithelium is Prevented by Vitamin C Intake in Smokers." *Circulation* 93 (1996): 1488–1492.

11. Scribner, A.W., J. Loscalzo, C. Napoli. "The Effect of Angiotensin-converting Enzyme Inhibition on Endothelial Function and Oxidant Stress." *Eur J Pharmacol* 482 (2003): 95–99. Elisaf, M. "Effects of Fibrates on Serum Metabolic Parameters." *Curr Med Res Opin* 18 (2002): 269–276. Vane, J.R., and R.M. Botting. "The Mechanism of Action of Aspirin." *Thromb Res* 110 (2003): 255–258. Carneado, J., M. Alvarez de Sotomayor, C. Perez-Guerrero, et al. "Simvastatin Improves Endothelial Function in Spontaneously Hypertensive Rats through a Superoxide Dismutase Mediated Antioxidant Effect." *J Hypertens* 20 (2002): 429–437. Erkkila, L., M. Jauhiainen, K. Laitinen, et al. "Effect of Simvastatin, an Established Lipid-lowering Drug, on Pulmonary *Chlamydia*

pneumoniae Infection in Mice." *Antimicrob Agents Chemother* 49:9 (2005): 3959–3962.

12. Stone, I. *The Healing Factor: Vitamin C Against Disease.* New York, NY: Putnam, 1974. Hickey, S., and H. Roberts. *Ascorbate: The Science of Vitamin C.* Lulu Press, 2004. Levy, T.E. *Stop America's #1 Killer.* LivOn Books, 2006.

13. Salzar, R.S., M.J. Thubrikar, R.T. Eppink. "Pressure-induced Mechanical Stress in the Carotid Artery Bifurcation: A Possible Correlation to Atherosclerosis." *J Biomech* 28:11 (1995): 1333–1340.

14. D'Orleans-Juste, P., J. Labonte, G. Bkaily, et al. "Function of the Endothelin(B) Receptor in Cardiovascular Physiology and Pathophysiology." *Pharmacol Ther* 95 (2002): 221–238. Annuk, M., M. Zilmer, B. Fellstrom. "Endothelium-dependent Vasodilation and Oxidative Stress in Chronic Renal Failure: Impact on Cardiovascular Disease." *Kidney Intl Suppl* 84 (2003): S50–S53. Egashira, K. "Clinical Importance of Endothelial Function in Arteriosclerosis and Ischemic Heart Disease." *Circ J* 66 (2002): 529–533. Luscher, T.F., F.C. Tanner, M.R. Tschudi, et al. "Endothelial Dysfunction in Coronary Artery Disease." *Annu Rev Med* 44 (1993): 395–418.

15. Gong, L., G.M. Pitari, S. Schulz, et al. "Nitric Oxide Signaling: Systems Integration of Oxygen Balance in Defense of Cell Integrity." *Curr Opin Hematol* 11 (2004): 7–14. Sumpio, B.E., J.T. Riley, A. Dardik. "Cells in Focus: Endothelial Cell." *Intl J Biochem Cell Biol* 34 (2002): 1508–1512. Ando, J., and A. Kamiya. "Blood Flow and Vascular Endothelial Cell Function." *Front Med Biol Eng* 5 (1993): 245–264.

16. Higgins, J.P. "Can Angiotensin-converting Enzyme Inhibitors Reverse Atherosclerosis?" *South Med J* 96 (2003): 569–579. Harrison, D.G., and H. Cai. "Endothelial Control of Vasomotion and Nitric Oxide Production." *Cardiol Clin* 21 (2003): 289–302. Stankevicius, E., E. Kevelaitis, E. Vainorius, et al. "Role of Nitric Oxide and Other Endothelium-derived Factors." *Medicina (Kaunas)* 39 (2003): 333–341. Vane, J.R., and R.M. Botting. "Secretory Functions of the Vascular Endothelium." *J Physiol Pharmacol* 43 (1992): 195–207. Chauhan, S.D., H. Nilsson, A. Ahluwalia, et al. "Release of C-type Natriuretic Peptide Accounts for the Biological Activity of Endothelium-derived Hyperpolarizing Factor." *Proc Natl Acad Sci USA* 100 (2003): 1426–1431.

17. Pearson, J.D. "Endothelial Cell Function and Thrombosis." *Baillieres Best Pract Res Clin Haematol* 12 (1999): 329–341. Huber, D., E.M. Cramer, J.E. Kaufmann, et al. "Tissue-type Plasminogen Activator (t-PA) is Stored in Weibel-Palade Bodies in Human Endothelial Cells Both in Vitro and in Vivo." *Blood* 99 (2002): 3637–3645.

18. Vallance, P., J. Collier, S. Moncada. "Effects of Endothelium-derived Nitric Oxide on Peripheral Arteriolar Tone in Man." *Lancet* 2 (1989): 997–1000.

19. Major, T.C., R.W. Overhiser, R.L. Panek. "Evidence for NO Involvement in Regulating Vascular Reactivity in Balloon-injured Rat Carotid Artery." *Am J Physiol* 269 (1995): H988–H996.

20. Taddei, S., A. Virdis, L. Ghiadoni, et al. "Vitamin C Improves Endothelium-dependent Vasodilation by Restoring Nitric Oxide Activity in Essential Hypertension." *Circulation* 97:22 (1998): 2222–2229.

21. Hampl, V. "Nitric Oxide and Regulation of Pulmonary Vessels." *Cesk Fysiol* 49 (2000): 22–29.

22. Stankevicius, E., E. Kevelaitis, E. Vainorius, et al. "Role of Nitric Oxide and Other Endothelium-derived Factors." *Medicina* (*Kaunas*) 39 (2003): 333–341.

23. De Nigris, F., L.O. Lerman, W.S. Ignarro, et al. "Beneficial Effects of Antioxidants and L-Arginine on Oxidation-sensitive Gene Expression and Endothelial NO Synthase Activity at Sites of Disturbed Shear Stress." *Proc Natl Acad Sci USA* 100:3 (February 2003): 1420–1425.

24. Shmit, E. "Antioxidant Vitamins May Prevent Blood Vessel Blockage and Protect Against Cardiovascular Disease." *UCLA News* (January 15, 2003).

25. Watanabe, T., R. Pakala, T. Katagiri, et al. "Monocyte Chemotactic Protein 1 Amplifies Serotonin-induced Vascular Smooth Muscle Cell Proliferation." *J Vasc Res* 38 (2001): 341–349. Rainger, G.E., and G.B. Nash. "Cellular Pathology of Atherosclerosis: Smooth Muscle Cells Prime Cocultured Endothelial Cells for Enhanced Leukocyte Adhesion." *Circ Res* 88 (2001): 615–622. Desai, A., H.A. Lankford, J.S. Warren. "Homocysteine Augments Cytokine-induced Chemokine Expression in Human Vascular Smooth Muscle Cells: Implications for Atherogenesis." *Inflammation* 25 (2001): 179–186.

26. Libby, P. "Changing Concepts of Atherogenesis." *J Intern Med* 247 (2000): 349–358.

27. Kockx, M.M., and A.G. Herman. "Apoptosis in Atherosclerosis: Beneficial or Detrimental?" *Cardiovasc Res* 45 (2000): 736–746. Gronholdt, M.L., S. Dalager-Pedersen, E. Falk. "Coronary Atherosclerosis: Determinants of Plaque Rupture." *Eur Heart J* 19 (1998): C24–C29.

28. Bennett, M.R. "Breaking the Plaque: Evidence for Plaque Rupture in Animal Models of Atherosclerosis." *Arterioscler Thromb Vasc Biol* 22 (2002): 713–714. Bennett, M.R. "Vascular Smooth Muscle Cell Apoptosis—A Dangerous Phenomenon in Vascular Disease." *J Clin Basic Cardiol* 3 (2000): 63–65.

29. Kolodgie, F.D., H.K. Gold, A.P. Burke, et al. "Intraplaque Hemorrhage and Progression of Coronary Atheroma." *N Engl J Med* 349 (2003): 2316–2325. Fan, J., and T. Watanabe. "Inflammatory Reactions in the Pathogenesis of Atherosclerosis." *J Atheroscler Thromb* 10 (2003): 63–71.

30. Barbieri, S.S., S. Eligini, M. Brambilla, et al. "Reactive Oxygen Species Mediate Cyclooxygenase-2 Induction during Monocyte to Macrophage Differentiation: Critical Role of NADPH Oxidase." *Cardiovasc Res* 60 (2003): 187–197.

31. Carpenter, K.L., I.R. Challis, M.J. Arends. "Mildly Oxidised LDL Induces More Macrophage Death than Moderately Oxidised LDL: Roles of Peroxidation, Lipoprotein-associated Phospholipase A2 and PPARgamma." *FEBS Lett* 553 (2003): 145–150. Norata, G.D., L. Tonti, P. Roma, et al. "Apoptosis and Proliferation of Endothelial Cells in Early Atherosclerotic Lesions: Possible Role of Oxidised LDL." *Nutr Metab Cardiovasc Dis* 12 (2002): 297–305.

32. Berliner, J.A., and J.W. Heinecke. "The Role of Oxidized Lipoproteins in Atherogenesis." *Free Radical Biol Med* 20 (1996): 707–727.

33. Libby, P., and M. Aikawa. "Effects of Statins in Reducing Thrombotic Risk and Modulating Plaque Vulnerability." *Clin Cardiol* 26 (2003): I11–I14. Libby, P., and M. Aikawa. "Stabilization of Atherosclerotic Plaques: New Mechanisms and Clinical Targets." *Nat Med* 8 (2002): 1257–1262.

34. Sutter, M.C. "Lessons for Atherosclerosis Research from Tuberculosis and Peptic Ulcer." *Can Med Assoc J* 152:5 (1995): 667–670. Capron, L. "Viruses and Atherosclerosis." *Rev Prat* 40:24 (1990): 2227–2233. Benitez, R.M. "Atherosclerosis: An Infectious Disease?" *Hosp Pract (Minneapolis)* 34:9 (1999): 79–82, 85–86, 89–90. Streblow, D.N., S.L. Orloff, J.A. Nelson. "Do Pathogens Accelerate Atherosclerosis?" *J Nutr* 131:10 (2001): 2798S–2804S.

35. Mehta, J.L., T.G. Saldeen, K. Rand. "Interactive Role of Infection, Inflammation and Traditional Risk Factors in Atherosclerosis and Coronary Artery Disease." *J Am Coll Cardiol* 31:6 (1998): 1217–1225. Broxmeyer, L. "Heart Disease: The Greatest 'Risk' Factor of Them All." *Med Hypotheses* 62:5 (2004): 773–779.

36. Friedman, H.M., E.J. Macarak, R.R. MacGregor, et al. "Virus Infection of Endothelial Cells." *J Infect Dis* 143:2 (1981): 266–273. Tumilowicz, J.J., M.E. Gawlik, B.B. Powell, et al. "Replication of Cytomegalovirus in Human Arterial Smooth Muscle Cells." *J Virol* 56:3 (1985): 839–845. Morre, S.A., W. Stooker, W.K. Lagrand, et al. "Microorganisms in the Aetiology of Atherosclerosis." *J Clin Pathol* 53:9 (2000): 647–654.

37. Ooboshi, H., C.D. Rios, Y. Chu, et al. "Augmented Adenovirus-mediated Gene Transfer to Atherosclerotic Vessels." *Arterioscler Thromb Vasc Biol* 17:9 (1997): 1786–1792.

38. Ellis, R.W. "Infection and Coronary Heart Disease." *J Med Microbiol* 46:7 (1997): 535–539. Mattila, K.J., V.V. Valtonen, M.S. Nieminen, et al. "Role of Infection as a Risk Factor for Atherosclerosis, Myocardial Infarction, and Stroke." *Clin Infect Dis* 26:3 (1998): 719–734.

39. Chiu, B. "Multiple Infections in Carotid Atherosclerotic Plaques." *Am Heart J* 138:5 Part 2 (1999): S534–S536. Vercellotti, G.M. "Overview of Infections and Cardiovascular Diseases." *J Allergy Clin Immunol* 108:4 Suppl (2001): S117–S120.

40. Wanishsawad, C., Y.F. Zhou, S.E. Epstein. "*Chlamydia pneumoniae*-induced Transactivation of the Major Immediate Early Promoter of Cytomegalovirus: Potential Synergy of Infectious Agents in the Pathogenesis of Atherosclerosis." *J Infect Dis* 181:2 (2000): 787–790. Burnett, M.S., C.A. Gaydos, G.E. Madico, et al. "Atherosclerosis in ApoE Knockout Mice Infected with Multiple Pathogens." *J Infect Dis* 183:2 (2001): 226–231. Watt, S., B. Aesch, P. Lanotte, et al. "Viral and Bacterial DNA in Carotid Atherosclerotic Lesions." *Eur J Clin Microbiol Infect Dis* 22:2 (2003): 99–105. Virok, D., Z. Kis, L. Kari, et al. "*Chlamydophila pneumoniae* and Human Cytomegalovirus in Atherosclerotic Carotid Plaques—Combined Presence and Possible Interactions." *Acta Microbiol Immunol Hungary* 53:1 (2006): 35–50.

41. Espinola-Klein, C., H.J. Rupprecht, S. Blankenberg, et al. "Impact of Infectious Burden on Extent and Long-term Prognosis of Atherosclerosis." *Circulation* 105:1 (2002): 15–21. Espinola-Klein, C., H.J. Rupprecht, S. Blankenberg, et al. "Impact of Infectious Burden on Progression of Carotid Atherosclerosis." *Stroke* 33:11 (2002): 2581–2586. Auer, J., M. Leitinger, R. Berent, et al. "Influenza A and B IgG Seropositivity and Coronary Atherosclerosis Assessed by Angiography." *Heart Dis* 4:6 (2002): 349–354.

42. Speir, E. "Cytomegalovirus Gene Regulation by Reactive Oxygen Species. Agents in Atherosclerosis." *Ann NY Acad Sci* 899 (2000): 363–374.

43. Epstein, S.E., Y.F. Zhou, J. Zhu. "Infection and Atherosclerosis: Emerging Mechanistic Paradigms." *Circulation* 100:4 (1999): e20–e28.

44. Kariuki Njenga, M., and C.A. Dangler. "Endothelial MHC Class II Antigen Expression and Endarteritis Associated with Marek's Disease Virus Infection in Chickens." *Vet Pathol* 32:4 (1995): 403–411.

45. Fabricant, C.G., J. Fabricant, M.M. Litrenta, et al. "Virus-induced Atherosclerosis." *J Exp Med* 148:1 (1978): 335–340. Minick, C.R., C.G. Fabricant, J. Fabricant, et al. "Atheroarteriosclerosis Induced by Infection with a Herpesvirus." *Am J Pathol* 96:3 (1979): 673–706. Fabricant, C.G., J. Fabricant, C.R. Minick, et al. "Herpesvirus-induced Atherosclerosis in Chickens." *Fed Proc* 42:8 (1983): 2476–2479. Hajjar, D.P., D.J. Falcone, C.G. Fabricant, et al.

"Altered Cholesteryl Ester Cycle is Associated with Lipid Accumulation in Herpesvirus-infected Arterial Smooth Muscle Cells." *J Biol Chem* 260:10 (1985): 6124–6128.

46. Fabricant, C.G., and J. Fabricant. "Atherosclerosis Induced by Infection with Marek's Disease Herpesvirus in Chickens." *Am Heart J* 138:5 Part 2 (1999): S465–S468.

47. Shih, J.C., R. Pyrzak, J.S. Guy. "Discovery of Noninfectious Viral Genes Complementary to Marek's Disease Herpes Virus in Quail Susceptible to Cholesterol-induced Atherosclerosis." *J Nutr* 119:2 (1989): 294–298.

48. Span, A.H., G. Grauls, F. Bosman, et al. "Cytomegalovirus Infection Induces Vascular Injury in the Rat." *Atherosclerosis* 93:1-2 (1992): 41–52. Span, A.H., P.M. Frederik, G. Grauls, et al. "CMV-induced Vascular Injury: An Electron-microscopic Study in the Rat." *In Vivo* 7:6A (1993): 567–573.

49. Berencsi, K., V. Endresz, D. Klurfeld, et al. "Early Atherosclerotic Plaques in the Aorta following Cytomegalovirus Infection of Mice." *Cell Adhes Commun* 5:1 (1998): 39–47. Hsich, E., Y.F. Zhou, B. Paigen, et al. "Cytomegalovirus Infection Increases Development of Atherosclerosis in Apolipoprotein-E Knockout Mice." *Atherosclerosis* 156:1 (2001): 23–28.

50. Benditt, E.P., T. Barrett, J.K. McDougall. "Viruses in the Etiology of Atherosclerosis." *Proc Natl Acad Sci USA* 80:20 (1983): 6386–6389.

51. Melnick, J.L., E. Adam, M.E. Debakey. "Cytomegalovirus and Atherosclerosis." *Eur Heart J* 14:Suppl K (1993): 30–38. Hendrix, M.G., M.M. Salimans, C.P. van Boven, et al. "High Prevalence of Latently Present Cytomegalovirus in Arterial Walls of Patients Suffering from Grade III Atherosclerosis." *Am J Pathol* 136:1 (1990): 23–28. Hendrix, M.G., M. Daemen, C.A. Bruggeman. "Cytomegalovirus Nucleic Acid Distribution within the Human Vascular Tree." *Am J Pathol* 138:3 (1991): 563–567. Vercellotti, G.M. "Effects of Viral Activation of the Vessel Wall on Inflammation and Thrombosis." *Blood Coagul Fibrinolysis* 9:Suppl 2 (1998): S3–S6. Hu, W., J. Liu , S. Niu, et al. "Prevalence of CMV in Arterial Walls and Leukocytes in Patients with Atherosclerosis." *Chin Med J (England)* 114:11 (2001): 1208–1210.

52. Tanaka, S., Y. Toh, R. Mori, et al. "Possible Role of Cytomegalovirus in the Pathogenesis of Inflammatory Aortic Diseases: A Preliminary Report." *J Vasc Surg* 16:2 (1992): 274–279. Yonemitsu, Y., K. Komori, K. Sueishi, et al. "Possible Role of Cytomegalovirus Infection in the Pathogenesis of Human Vascular Diseases." *Nippon Rinsho* 56:1 (1998): 102–108.

53. Melnick, J.L., B.L. Petrie, G.R. Dreesman, et al. "Cytomegalovirus Antigen within Human Arterial Smooth Muscle Cells." *Lancet* 2:8351 (1983): 644–647. Shih, J.C., and D.W. Kelemen. "Possible Role of Viruses in Atherosclerosis."

Adv Exp Med Biol 369 (1995): 89–98. Nerheim, P.L., J.L. Meier, M.A. Vasef, et al. "Enhanced Cytomegalovirus Infection in Atherosclerotic Human Blood Vessels." *Am J Pathol* 164:2 (2004): 589–600.

54. Melnick, J.L., C. Hu, J. Burek, et al. "Cytomegalovirus DNA in Arterial Walls of Patients with Atherosclerosis." *J Med Virol* 42:2 (1994): 170–174.

55. Hendrix, M.G., P.H. Dormans, P. Kitslaar, et al. "The Presence of Cytomegalovirus Nucleic Acids in Arterial Walls of Atherosclerotic and Nonatherosclerotic Patients." *Am J Pathol* 134:5 (1989): 1151–1157.

56. Biocina, B., I. Husedzinovic, Z. Sutlic, et al. "Cytomegalovirus Disease as a Possible Etiologic Factor for Early Atherosclerosis." *Coll Antropol* 23:2 (1999): 673–681.

57. Pahl, E., F.J. Fricker, J. Armitage, et al. "Coronary Arteriosclerosis in Pediatric Heart Transplant Survivors: Limitation of Long-term Survival." *J Pediatr* 116:2 (1990): 177–183.

58. Yamashiroya, H.M., L. Ghosh, R. Yang, et al. "Herpesviridae in the Coronary Arteries and Aorta of Young Trauma Victims." *Am J Pathol* 130:1 (1988): 71–79.

59. Bruggeman, C.A. "Does Cytomegalovirus Play a Role in Atherosclerosis?" *Herpes* 7:2 (2000): 51–54. Melnick, J.L., E. Adam, M.E. DeBakey. "Cytomegalovirus and Atherosclerosis." *Bioessays* 17:10 (1995): 899–903.

60. Dhaunsi, G.S., J. Kaur, R.B. Turner. "Role of NADPH Oxidase in Cytomegalovirus-induced Proliferation of Human Coronary Artery Smooth Muscle Cells." *J Biomed Sci* 10:5 (2003): 505–509.

61. Cheng, J.W., and N.G. Rivera. "Infection and Atherosclerosis—Focus on Cytomegalovirus and *Chlamydia pneumoniae*." *Ann Pharmacother* 32:12 (1998): 1310–1316. High, K.P. "Atherosclerosis and Infection Due to *Chlamydia pneumoniae* or Cytomegalovirus: Weighing the Evidence." *Clin Infect Dis* 28:4 (1999): 746–749.

62. Famularo, G., V. Trinchieri, G. Santini, et al. "Infections, Atherosclerosis, and Coronary Heart Disease." *Ann Ital Med Int* 15:2 (2000): 144–155. Fong, I.W. "Emerging Relations between Infectious Diseases and Coronary Artery Disease and Atherosclerosis." *Can Med Assoc J* 163:1 (2000): 49–56. Mussa, F.F., H. Chai, X. Wang, et al. "*Chlamydia pneumoniae* and Vascular Disease: An Update." *J Vasc Surg* 43:6 (2006): 1301–1307.

63. Kuo, C.C., A.M. Gown, E.P. Benditt, et al. "Detection of *Chlamydia pneumoniae* in Aortic Lesions of Atherosclerosis by Immunocytochemical Stain." *Arterioscler Thromb* 13:10 (1993): 1501–1504. Kuo, C.C., J.T. Grayston, L.A. Campbell, et al. "*Chlamydia pneumoniae* (TWAR) in Coronary Arteries of

Young Adults (15–34 Years Old)." *Proc Natl Acad Sci USA* 92:15 (1995): 6911–6914. Davidson, M., C.C. Kuo, J.P. Middaugh, et al. "Confirmed Previous Infection with *Chlamydia pneumoniae* (TWAR) and Its Presence in Early Coronary Atherosclerosis." *Circulation* 98:7 (1998): 628–633.

64. Muhlestein, J.B., E.H. Hammond, J.F. Carlquist, et al. "Increased Incidence of *Chlamydia* Species within the Coronary Arteries of Patients with Symptomatic Atherosclerotic versus Other Forms of Cardiovascular Disease." *J Am Coll Cardiol* 27:7 (1996): 1555–1561. Campbell, L.A., et al. "Detection of *Chlamydia pneumoniae* in Atherectomy Tissue from Patients with Symptomatic Coronary Artery Disease." In Orfila, J., G. Byrne, M. Chernesky, et al. (eds.). *Chlamydial Infections.* Bologna, Italy: Societa Editrice Esculapio, 1994, pp. 212–215. Maass, M., J. Gieffers, E. Krause, et al. "Poor Correlation between Microimmunofluorescence Serology and Polymerase Chain Reaction for Detection of Vascular *Chlamydia pneumoniae* Infection in Coronary Artery Disease Patients." *Med Microbiol Immunol* 187 (1998): 103–106.

65. Espinola-Klein, C., H.J. Rupprecht, S. Blankenberg, et al. "Are Morphological or Functional Changes in the Carotid Artery Wall Associated with *Chlamydia pneumoniae, Helicobacter pylori,* Cytomegalovirus, or Herpes Simplex Virus Infection?" *Stroke* 31:9 (2000): 2127–2133.

66. Jahromi, B.S., M.D. Hill, K. Holmes, et al. "*Chlamydia pneumoniae* and Atherosclerosis following Carotid Endarterectomy." *Can J Neurol Sci* 30:4 (2003): 333–339.

67. Subramanian, A.K., T.C. Quinn, T.S. Kickler, et al. "Correlation of *Chlamydia pneumoniae* Infection and Severity of Accelerated Graft Arteriosclerosis after Cardiac Transplantation." *Transplantation* 73:5 (2002): 761–764.

68. Kuo, C.C., J.T. Grayston, L.A. Campbell, et al. "Chlamydia Pneumoniae (TWAR) in Coronary Arteries of Young Adults (15–35 Years Old)." *Proc Natl Acad Sci USA* 92 (1995): 6911–6914.

69. Ngeh, J., V. Anand, S. Gupta. "*Chlamydia pneumoniae* and Atherosclerosis—What We Know and What We Don't." *Clin Microbiol Infect* 8:1 (2002): 2–13.

70. Fong, I.W., B. Chiu, E. Viira, et al. "Rabbit Model for *Chlamydia pneumoniae* Infection." *J Clin Microbiol* 35 (1997): 48–52. Laitinen, K., A. Laurila, L. Pyhala, et al. "*Chlamydia pneumoniae* Infection Induces Inflammatory Changes in the Aorta of Rabbits." *Infect Immun* 65 (1997): 4832–4835. Moazed, T.C., L.A. Campbell, M.E. Rosenfeld, et al. "*Chlamydia pneumoniae* Infection Accelerates the Progression of Atherosclerosis in Apolipoprotein (Apo E)-Deficient Mice." *J Infect Dis* 180 (1999): 238–241. Muhlestein, J.B., J.L. Anderson, E.H. Hammond, et al. "Infection with *Chlamydia pneumoniae* Accelerates the Devel-

opment of Atherosclerosis and Treatment with Azithromycin Prevents It in a Rabbit Model." *Circulation* 97:7 (1998): 633–636.

71. Gurfinkel, E. "Link Between Intracellular Pathogens and Cardiovascular Diseases." *Clin Microbiol Infect* 4:Suppl 4 (1998): S33–S36.

72. Kalayoglu, M.V., B. Hoerneman, D. LaVerda, et al. "Cellular Oxidation of Low-Density Lipoprotein by *Chlamydia pneumoniae*." *J Infect Dis* 180 (1999): 780–790.

73. Shi, Y., and O. Tokunaga. "Herpesvirus (HSV-1, EBV and CMV) Infections in Atherosclerotic Compared with Non-atherosclerotic Aortic Tissue." *Pathol Intl* 52:1 (2002): 31–39.

74. Musiani, M., M.L. Zerbini, A. Muscari, et al. "Antibody Patterns against Cytomegalovirus and Epstein-Barr Virus in Human Atherosclerosis." *Microbiologica* 13:1 (1990): 35–41.

75. Tabib, A., C. Leroux, J.F. Mornex, et al. "Accelerated Coronary Atherosclerosis and Arteriosclerosis in Young Human-Immunodeficiency-Virus-Positive Patients." *Coron Artery Dis* 11:1 (2000): 41–46.

76. Rota, S. "*Mycobacterium tuberculosis* Complex in Atherosclerosis." *Acta Med Okayama* 59:6 (2005): 247–251.

77. Haraszthy, V.I., J.J. Zambon, M. Trevisan, et al. "Identification of Periodontal Pathogens in Atheromatous Plaques." *J Periodontol* 71:10 (2000): 1554–1560.

78. Fong, I.W. "Infections and Their Role in Atherosclerotic Vascular Disease." *J Am Dent Assoc* 133:Suppl (2002): 7S–13S.

79. Meurman, J.H., M. Sanz, S.J. Janket. "Oral Health, Atherosclerosis, and Cardiovascular Disease." *Crit Rev Oral Biol Med* 15:6 (2004): 403–413.

80. Suarna, C., R.T. Dean, J. May, et al. "Human Atherosclerotic Plaque Contains Both Oxidized Lipids and Relatively Large Amounts of Alpha-tocopherol and Ascorbate." *Arterioscler Thromb Vasc Biol* 15:10 (1995): 1616–1624.

81. Hickey, S., H.J. Roberts, and R.F. Cathcart. "Dynamic Flow." *J Orthomolecular Med* 20:4 (2005): 237–244.

82. O'Brien, K.D., C.E. Alpers, J.E. Hokanson, et al. "Oxidation-specific Epitopes in Human Coronary Atherosclerosis are Not Limited to Oxidized Low-density Lipoprotein." *Circulation* 94:6 (1996): 1216–1225. Westhuyzen, J. "The Oxidation Hypothesis of Atherosclerosis: An Update." *Ann Clin Lab Sci* 27:1 (1997): 1–10. Reaven, P.D., and J.L. Witztum. "Oxidized Low-density Lipoproteins in Atherogenesis: Role of Dietary Modification." *Annu Rev Nutr* 16 (1996): 51–71. Meagher, E., and D.J. Rader. "Antioxidant Therapy and Ath-

erosclerosis: Animal and Human Studies." *Trends Cardiovasc Med* 11:3–4 (2001): 162–165.

83. Cooke, J.P. "Is Atherosclerosis an Arginine Deficiency Disease?" *J Investig Med* 46 (1998): 377–380.

84. Tapiero, H., G. Mathe, P. Couvreur, et al. "Arginine." *Biomed Pharmacother* 56 (2002): 439–445. Preli, R.B., K.P. Klein, D.M. Herrington. "Vascular Effects of Dietary L-Arginine Supplementation." *Atherosclerosis* 162 (2002): 1–15. Tiefenbacher, C.P. "Tetrahydrobiopterin: A Critical Cofactor for eNOS and a Strategy in the Treatment of Endothelial Dysfunction?" *Am J Physiol Heart Circ Physiol* 280 (2001): H2484–H2488.

85. van Hinsbergh, V.W. "NO or H_2O_2 for Endothelium-dependent Vasorelaxation: Tetrahydrobiopterin Makes the Difference." *Arterioscler Thromb Vasc Biol* 21 (2001): 719–721.

86. Lehr, H.A., G. Germann, G.P. McGregor, et al. "Consensus Meeting on 'Relevance of Parenteral Vitamin C in Acute Endothelial-dependent Pathophysiological Conditions (EDPC)'." *Eur J Med Res* 11:12 (2006): 516–526.

87. Clementi, E., G.C. Brown, M. Feelisch. "Persistent Inhibition of Cell Respiration by Nitric Oxide: Crucial Role of S-Nitrosylation of Mitochondrial Complex 1 and Protective Action of Glutathione." *Proc Natl Acad Sci USA* 95 (1998): 7631–7636. Mogi, M., K. Kinpara, A. Kondo, et al. "Involvement of Nitric Oxide and Biopterin in Proinflammatory Cytokine-induced Apoptotic Cell Death in Mouse Osteoblastic Cell Line MC3T3." *Biochem Pharmacol* 58 (1999): 649–654. Bouton, C. "Nitrosative and Oxidative Modulation of Iron Regulatory Proteins." *Cell Mol Life Sci* 55 (1999): 1043–1053. Donnini, S., and M. Ziche. "Constitutive and Inducible Nitric Oxide Synthase: Role in Angiogenesis." *Antioxid Redox Signal* 4 (2002): 817–823.

88. Anderson, T.J. "Assessment and Treatment of Endothelial Dysfunction in Humans." *J Am Coll Cardiol* 34 (1999): 631–638. Watts, G.F., D.A. Playford, K.D. Croft, et al. "Coenzyme Q(10) Improves Endothelial Dysfunction of the Brachial Artery in Type II Diabetes Mellitus." *Diabetologia* 45 (2002): 420–426.

89. Cooke, J.P. "Does ADMA Cause Endothelial Dysfunction?" *Arterioscler Thromb Vasc Biol* 20 (2000): 2032–2037. Mukherjee, S., S.D. Coaxum, M. Maleque, et al. "Effects of Oxidized Low-density Lipoprotein on Nitric Oxide Synthetase and Protein Kinase C Activities in Bovine Endothelial Cells." *Cell Mol Biol* 47 (2001): 1051–1058.

90. Kirsch, M., H.G. Korth, R. Sustmann, et al. "The Pathobiochemistry of Nitrogen Dioxide." *Biol Chem* 383 (2002): 389–399. Chaudiere, J., and R. Ferrari-Iliou. "Intracellular Antioxidants: From Chemical to Biochemical Mechanisms." *Food Chem Toxicol* 37 (1999): 949–962. Regoli, F., and G.W. Winston.

"Quantification of Total Oxidant Scavenging Capacity of Antioxidants for Peroxynitrite, Peroxyl Radicals, and Hydroxyl Radicals." *Toxicol Appl Pharmacol* 156 (1999): 96–105.

91. Ceriello, A. "New Insights on Oxidative Stress and Diabetic Complications May Lead to a "Causal" Antioxidant Therapy." *Diabetes Care* 26 (2003): 1589–1596. Trujillo, M., and R. Radi. "Peroxynitrite Reaction with the Reduced and the Oxidized Forms of Lipoic Acid: New Insights into the Reaction of Peroxynitrite with Thiols." *Arch Biochem Biophys* 397 (2002): 91–98. Nakagawa, H., E. Sumiki, M. Takusagawa, et al. "Scavengers for Peroxynitrite: Inhibition of Tyrosine Nitration and Oxidation with Tryptamine Derivatives, Alpha-lipoic Acid and Synthetic Compounds." *Chem Pharm Bull* 48 (2000): 261–265. Whiteman, M., H. Tritschler, B. Halliwell. "Protection against Peroxynitrite-dependent Tyrosine Nitration and Alpha-1-antiproteinase Inactivation by Oxidized and Reduced Lipoic Acid." *FEBS Lett* 379 (1996): 74–76. Packer, L., K. Kraemer, G. Rimbach. "Molecular Aspects of Lipoic Acid in the Prevention of Diabetes Complications." *Nutrition* 17 (2001): 888–895.

92. Schopfer, F., N. Riobo, M.C. Carreras, et al. "Oxidation of Ubiquinol by Peroxynitrite: Implications for Protection of Mitochondria against Nitrosative Damage." *Biochem J* 349 (2003): 35–42.

93. Kjoller-Hansen, L., S. Boesgaard, J.B. Laursen, et al. "Importance of Thiols (SH Group) in the Cardiovascular System." *Ugeskr Laeger* 155 (1993): 3642–3645. Ferrari, R., C. Ceconi, S. Curello, et al. "Oxygen Free Radicals and Myocardial Damage: Protective Role of Thiol-containing Agents." *Am J Med* 91 (1991): 95S–105S. Cheung, P.Y., W. Wang, R. Schulz. "Glutathione Protects against Myocardial Ischemia-reperfusion Injury by Detoxifying Peroxynitrite." *J Mol Cell Cardiol* 32 (2000): 1669–1678. Deneke, S.M. "Thiol-based Antioxidants." *Curr Top Cell Regul* 36 (2000): 151–180. Del Corso, A., P.G. Vilardo, M. Cappiello, et al. "Physiological Thiols as Promoters of Glutathione Oxidation and Modifying Agents in Protein S Thiolation." *Arch Biochem Biophys* 397 (2002): 392–398. Ramires, P.R., and L.L. Ji. "Glutathione Supplementation and Training Increases Myocardial Resistance to Ischemia-reperfusion in Vivo." *Am J Physiol Heart Circ Physiol* 281 (2001): H679–H688.

94. Chaudiere, J., and R. Ferrari-Iliou. "Intracellular Antioxidants: From Chemical to Biochemical Mechanisms." *Food Chem Toxicol* 37 (1999): 949–962.

95. McCarty, M.F. "Oxidants Downstream from Superoxide Inhibit Nitric Oxide Production by Vascular Endothelium—A Key Role for Selenium-dependent Enzymes in Vascular Health." *Med Hypotheses* 53 (1999): 315–325.

96. Terao, J., S. Yamaguchi, M. Shirai, et al. "Protection by Quercetin and Quercetin 3-O-beta-D-glucuronide of Peroxynitrite-induced Antioxidant Consumption in Human Plasma Low-density Lipoprotein." *Free Radical Res* 35

(2001): 925–931. Haenen, G.R., J.B. Paquay, R.E. Korthouwer, et al. "Peroxynitrite Scavenging by Flavonoids." *Biochem Biophys Res Commun* 236 (1997): 591–593.

97. Hickey, S., H.J. Roberts, R.F. Cathcart. "Dynamic Flow." *J Orthomolecular Med* 20:4 (2005): 237–244.

98. Simon, E., J. Gariepy, A. Cogny, et al. "Erythrocyte, but Not Plasma, Vitamin E Concentration is Associated with Carotid Intima-media Thickening in Asymptomatic Men at Risk for Cardiovascular Disease." *Atherosclerosis* 159 (2001): 193–200. Andreeva-Gateva, P. "Antioxidant Vitamins—Significance for Preventing Cardiovascular Diseases. Part 1. Oxidized Low-density Lipoproteins and Atherosclerosis; Antioxidant Dietary Supplementation—Vitamin E." *Vutr Boles* 32 (2000): 11–18. Bolton-Smith, C., M. Woodward, H. Tunstall-Pedoe. "The Scottish Heart Health Study. Dietary Intake by Food Frequency Questionnaire and Odds Ratios for Coronary Heart Disease Risk. II. The Antioxidant Vitamins and Fibre." *Eur J Clin Nutr* 46 (1992): 85–93. Eichholzer, M., H.B. Stahelin, K.F. Gey. "Inverse Correlation between Essential Antioxidants in Plasma and Subsequent Risk to Develop Cancer, Ischemic Heart Disease and Stroke, Respectively: 12-Year Follow-up of the Prospective Basel Study." *EXS* 62 (1992): 398–410. O'Byrne, D., S. Grundy, L. Packer, et al. "Studies of LDL Oxidation Following Alpha-, Gamma-, or Delta-tocotrienyl Acetate Supplementation of Hypercholesterolemic Humans." *Free Radical Biol Med* 29 (2000): 834–845.

99. Knekt, P., R. Jarvinen, A. Reunanen, et al. "Flavonoid Intake and Coronary Mortality in Finland: A Cohort Study." *Br Med J* 312 (1996): 478–481. Formica, J.V., and W. Regelson. "Review of the Biology of Quercetin and Related Bioflavonoids." *Food Chem Toxicol* 33 (1995): 1061–1080. Kolchin, I.N., N.P. Maksiutina, P.P. Balanda, et al. "The Cardioprotective Action of Quercetin in Experimental Occlusion and Reperfusion of the Coronary Artery in Dogs." *Farmakol Toksikol* 54 (1991): 20–23.

100. Zhang, W.J., and B. Frei. "Alpha-lipoic Acid Inhibits TNF-Alpha-induced NF-KappaB Activation and Adhesion Molecule Expression in Human Aortic Endothelial Cells." *FASEB J* 15 (2001): 2423–2432. Kunt, T., T. Forst, A. Wilhelm, et al. "Alpha-lipoic Acid Reduces Expression of Vascular Cell Adhesion Molecule-1 and Endothelial Adhesion of Human Monocytes after Stimulation with Advanced Glycation End Products." *Clin Sci* 96 (1999): 75–82. Bierhaus, A., S. Chevion, M. Chevion, et al. "Advanced Glycation End Product–induced Activation of NF-KappaB is Suppressed by Alpha-lipoic Acid in Cultured Endothelial Cells." *Diabetes* 46 (1997): 1481–1490.

101. Hickey, S., and H. Roberts. *Ascorbate: The Science of Vitamin C.* Lulu Press, 2004.

國家圖書館出版品預行編目資料

維生素 C：逆轉不治之症 / 史蒂夫 ・ 希基 (Steve Hickey),
安德魯 ・ 索羅 (Andrew W. Saul) 合著；郭珍琪譯.
-- 初版 . -- 臺中市：晨星，2015.07
面； 公分 . --（健康與飲食；91）
譯自：Vitamin C：the real story：the remarkable and
controversial healing factor

ISBN 978-986-443-006-2（平裝）

1. 維生素 C 2. 營養

399.63   104006911

健康與飲食 91

維生素 C：逆轉不治之症

作者	史蒂夫・希基（Steve Hickey）、安德魯・索羅（Andrew W. Saul）
譯者	郭珍琪
編審	謝嚴谷講師
主編	莊雅琦
美術排版	曾麗香
封面設計	許芷婷
創辦人	陳銘民
發行所	晨星出版有限公司
	407 台中市西屯區工業 30 路 1 號 1 樓
	TEL：04-23595820 FAX：04-23550581
	行政院新聞局局版台業字第 2500 號
法律顧問	陳 思 成 律師
初版	西元 2015 年 7 月 6 日
再版	西元 2022 年 8 月 5 日（七刷）
讀者服務專線	TEL：02-23672044 / 04-23595819#212
	FAX：02-23635741 / 04-23595493
	E-mail：service@morningstar.com.tw
網路書店	http：//www.morningstar.com.tw
郵政劃撥	15060393（知己圖書股份有限公司）
印刷	上好印刷股份有限公司

定價 290 元
ISBN 978-986-443-006-2

VITAMIN C: THE REAL STORY, THE REMARKABLE AND
CONTROVERSIAL HEALING FACTOR
by STEVE HICKEY AND ANDREW W. SAUL
Copyright: © 2008 by STEVE HICKEY AND ANDREW W. SAUL
This edition arranged with BASIC HEALTH PUBLICATIONS,INC.
through BIG APPLE AGENCY, INC., LABUAN, MALAYSIA.
Traditional Chinese edition copyright:
20XX MORNING STAR PUBLISHING INC.
All rights reserved.